Mythen & Marketing in der Aquaristik

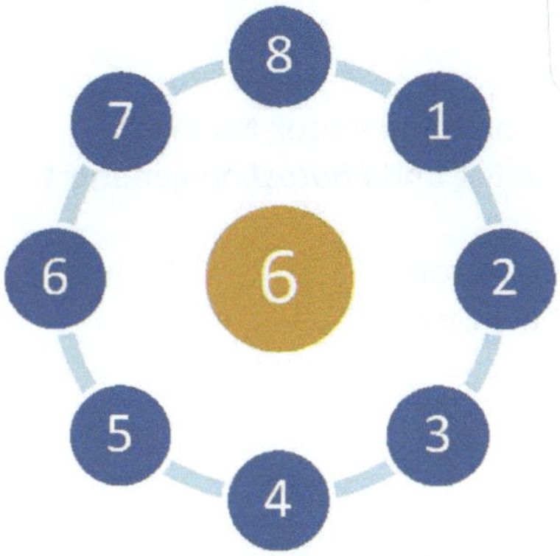

Faktencheck Aquarientechnik

Dr. Hermann Huemer

Impressum

Umschlaggestaltung und Fotobearbeitung: Baitok Nurlan
Cover-Bild mit *Midjourney* Version 6.1 und *Photoshop* generiert

Druck und Vertrieb im Auftrag des Autors:
Buchschmiede von Dataform Media GmbH
Julius-Raab-Straße 8
2203 Großebersdorf
Österreich

www.buchschmiede.at – Folge deinem Buchgefühl!
Kontaktadresse nach EU-Produktsicherheitsverordnung:
info@buchschmiede.at

ISBN:
978-3-99181-171-8 (Paperback)
978-3-99181-170-1 (E-Book)

PRINTED IN
AUSTRIA

«Wasser, das fließt, ist voll guter Eigenschaften.
Kommt es zum Stillstand, verliert es sie.»

Ibn Qalaqis, ägyptisch-arabischer Dichter aus dem 12. Jahrhundert

Inhalt

Mythen und Marketing in der Aquaristik – Vorwort

Wenn das Aquarium nicht so funktioniert wie erwartet, steht ein Arsenal an technischen Geräten für den Einsatz bereit, die versprechen, Probleme zu lösen und Wünsche zu erfüllen. Ergänzt werden sie mit Anekdoten über erfolgreiche Anwendungen.

Im **„Faktencheck Aquarientechnik“** analysieren wir Anekdoten und Empfehlungen, die sich bei genauerer Betrachtung als moderne Mythen entpuppen. Ihr Ursprung liegt nicht selten im Marketing. Alltagsmythen und Marketing buhlen mit wissenschaftlichen Informationsquellen um Aufmerksamkeit und Deutungshoheit. Sie wollen geglaubt werden. Wissenschaft hingegen beruht auf Fakten, die nicht geglaubt, sondern verstanden werden müssen. Das lässt sie aufs Erste als kompliziert oder gar unverständlich erscheinen.

Der Faktencheck ermöglicht uns, Mythen und Marketing jenseits ihrer Versprechungen und Glaubenssätze zu verstehen. Zugleich gewährt er uns tiefere Einblicke in das Hobby, als sie die bunte Einsteigerliteratur in ihrer Beschränkung auf die Grundlagen oder das Internet in seiner undifferenzierten Fülle zulässt. Damit bekommen auch wissenschaftlich nicht versierte Aquarianer oder Mitarbeiter im Marketing und Handel kompakte Hintergrundinformationen an die Hand, mit der sie den jeweiligen Nutzen von Ratgebern und Produkten abseits von USPs (Unique Selling Propositions) beurteilen können, bevor sie Entscheidungen treffen.

Mit den Quellenangaben erhält der kritische Leser ein umfassendes Verzeichnis von für das Hobby interessanten Autoren, Büchern, Artikeln und Websites, die zum selber Recherchieren und Nachlesen einladen. Die zitierten Inhalte dokumentieren die Standpunkte ihrer Autoren, aus dem Marketing ebenso wie EXPERTEN aus Wissenschaft und Hobby. Zum besseren Verständnis ergänzen BEISPIELE, DAUMENREGELN und INFO-Boxen den Faktencheck. Die wichtigsten Schlussfolgerungen werden als TIPP zusammengefasst.

Ein Werk über Mythen und Marketing kommt an der Nennung konkreter Produktmarken nicht vorbei. Dabei geht es weder um Schleichwerbung noch um die Bewertung von Produkten, sondern ausschließlich um die Versprechungen der Marken und ihr mythisches Potential. Die Nennung der Marken erfolgt ohne jegliche Einflussnahme von Herstellern oder Verkäufern.

Mein besonderer Dank gebührt meinem Test-Leser Univ.Prof. i.R. Dr. Herbert Nopp, Professor für Zoologie an der Universität Wien und selber leidenschaftlicher Aquarianer. Er hat mit kritischem Auge, seinem Wissen und seiner Erfahrung wesentlich zur Verbesserung des Manuskripts beigetragen.

Für die grafische Gestaltung des Covers danke ich Herrn Baitok Nurlan. In diesem Zusammenhang möchte ich auch das Team der *Buchschmiede von Dataform Media GmbH* dankend erwähnen. Ihr innovatives Self-Publishing-Konzept hat diese Buchreihe möglich gemacht.

Schließlich danke ich allen, die mir mit eigenen Anekdoten, kritischen Fragen, konstruktiven Diskussionen und Kommentaren wertvolle Anregungen geliefert und mich zum Publizieren der Faktenchecks ermutigt haben.

Mit etwas technischem Verständnis können wir Technik effektiv und effizient im Hobby einsetzen, ohne dass sie selbst zum Hobby wird. Ein Grundverständnis der Aquarientechnik und ihrer Mythen lässt sich auch bestens auf Technik im Haushalt und im Alltag übertragen. Mögen wir aus dem Hobby auch etwas fürs Leben lernen.

Dr. Hermann Huemer
Bad Sauerbrunn, Burgenland
im Oktober 2025

Einleitung

Im sechsten Band der Reihe „Mythen & Marketing in der Aquaristik“ widmen wir uns der **Aquarientechnik**. Für Leuchten, Pumpen oder Heizung muss man kein ‚Rocket Scientist‘ sein. Im Faktencheck beleuchten wir 45 moderne Mythen und Marketingaussagen (M&M), was sie uns über Aquarientechnik glauben machen wollen und was uns das Marketing über technische Produkte verspricht oder verschweigt.

Kapitel 1: Die Wahl der technischen Ausstattung, ob hightech oder lowtech, entscheidet nicht nur über die Anschaffungs- und Erhaltungskosten des Aquariums, sondern auch über dessen Pflegeaufwand. Lowtech bedeutet nicht ‚no-tech‘, sondern vielmehr ‚low-maintenance‘ (also pflegeleicht und wartungsarm), was keinesfalls mit „Anfänger“ gleichgesetzt werden darf.

Kapitel 2: Nur fließendes Wasser ist gutes Wasser. Die Pumpe als Herzstück der Aquarientechnik erhält den Kreislauf des Wassers durch das Becken und den Filter aufrecht. Jeder Anbieter preist die Vorteile seiner Modelle an. Doch wie stark muss die Strömung in einem bepflanzten Wohnzimmeraquarium wirklich sein? Welche Rolle spielt die Strömung für Fische und Pflanzen und für die Mikroorganismen im Filter?

Kapitel 3: Die Temperatur als unsichtbarer physikalischer Parameter ist mehr als ein bloßer Wohlfühlfaktor. Als Umweltfaktor wirkt sie direkt auf Stoffwechsel, Fortpflanzung und Lebenserwartung, indirekt über die Löslichkeit von Gasen und den Einfluss auf Stoffgleichgewichte. Sie muss daher auf einen biologisch verträglichen Wert eingestellt werden.

Die Aquarienheizung trägt nicht unerheblich zur jährlichen Stromrechnung bei. Umso wichtiger ist es, dass man den passenden Heizstab auswählt. Alternative Heizsysteme versprechen unterdessen, mit Abwärmerückgewinnung die Energiekosten zu senken.

Kapitel 4: Während der Entstehung dieser Buchreihe hat sich die Beleuchtungstechnologie für Aquarien grundlegend von Leuchtstoffröhren zu LEDs verändert.

Moderne LED-Leuchten bieten neue Möglichkeiten im Vergleich zu Leuchtstoffröhren. Kann ihr Kunstlicht das natürliche Sonnenlicht imitieren? Welche Lichtfarben eignen sich für ein Süßwasseraquarium? Wieviel Licht ist angemessen und wie können wir die Lichtmenge dosieren? Gerade in der Beleuchtung hilft mehr nicht immer mehr, sondern kann auch zuviel sein.

Die technische Ausstattung des Aquariums spielt auch eine wichtige Rolle in bezug auf die Auswahl der Fische und Pflanzen. M&M über Aquarienpflanzen und Zierfische werden in Band 7 und 8 auf ihre Fakten gecheckt.

1 Aquarientechnik – Hightech oder Lowtech?

Unser Hobby der Naturbeobachtung „im Glas" hat sich dank zahlloser technischer Innovationen zu dem entwickelt, was es heute ist. Kein Aquarium ist vollständig eingerichtet ohne technisches Zubehör. Auch in der Süßwasseraquaristik kommt immer mehr Technik zum Einsatz, die das System am Laufen hält. Kommt es zum Stillstand, „verliert es seine guten Eigenschaften" (frei nach dem Eingangszitat).

Wer keine Kosten scheut, kann heute selbst Aquascapes und Riffaquarien langfristig betreiben. Langfristig sind solche Hightech-Anlagen jedoch mit hohem Pflegeaufwand und hohen Kosten (auch Energiekosten) verbunden.

Walstad fragt: "Is the 'Balanced Aquarium' dead?" [1] Hat sich die Idee vom Gleichgewicht zwischen Pflanzen und Fischen im Aquarium erledigt? Wieviel Technik braucht ein Aquarium wirklich?

Pumpe, Heizstab und Leuchte zählen heute zur Grundausstattung.

M&M: „Mit einem Aquarien-Komplett-Set schaffen Sie den Einstieg in die Welt der Aquaristik einfach und unkompliziert." [2]

Bei Komplett-Sets handelt es sich um vorkonfigurierte, komplett mit der technischen Grundausrüstung ausgestattete Einsteiger-Sets. Einsteiger brauchen sich also keine Gedanken über die nötige Ausstattung machen. Die Vorbereitung und Planung wurde bereits in einer Marketing-Abteilung erledigt. Alles ist vorbereitet und perfekt aufeinander abgestimmt und wartet nur noch auf Wasser, Pflanzen und Fische.

Die typische Ausstattung eines 54-Liter-Beckens umfasst die Abdeckung mit 10-W-LED-Beleuchtung, Filter mit Umwälzpumpe (min. 200 l/h), 50-W-Heizer/Heizstab.

---

[1] Walstad, Diana (2003): Ecology of the Planted Aquarium. Echinodorus Publishing, 2. Ausgabe, Seite 3.

[2] Aquarium Aquatlantis Advance inkl. Abdeckung Filtersystem inklusive Umwälzpumpe Beleuchtung Heizer/Heizstab 60 x 30 x 30 cm weiß. Hornbach Baumarkt GmbH (Österreich), https://www.hornbach.at/p/aquarium-aquatlantis-advance-inkl-abdeckung-filtersystem-inklusive-umwaelzpumpe-beleuchtung-heizer-heizstab-60-x-30-x-30-cm-weiss/8809147/

Tatsächlich sind Heizstab und Filterpumpe in der Regel überdimensioniert, während der Innenfilter aus Platzgründen eher zu klein gehalten ist. Auch die Beleuchtung in Einsteiger-Sets ist für die meisten Pflanzen unterdimensioniert. Nur wenige Pflanzenarten können unter so wenig Licht gut gedeihen und ihrer Rolle als Algenkonkurrenz gerecht werden. Anspruchsvollere, meist teuer erstandene Pflanzen gehen langsam ein. Für ein Fish-only-Aquarium würde die Lampe genügen. Doch dafür ist der Innenfilter zu klein.

Umgekehrt macht starke Beleuchtung Pflanzen hungrig. Für gesundes Wachstum erscheint die Anschaffung einer CO_2-Anlage unumgänglich. Durch das intensive Licht und die CO_2-Düngung verschieben sich Engpässe in der Versorgung der Pflanzen zu anderen Nährstoffen, was erst recht eine Stagnation des Wachstums und Algen mit sich bringt. Hier versprechen aufwendige Düngerprogramme einen Ausweg (siehe Band 7).

Hohe Haltungstemperaturen beschleunigen das Wachstum und die Stoffwechselprozesse. Beides generiert auch eine Menge Abfälle. Diese erfordern leistungsfähige Filter und starke Pumpen und in der Folge häufigere und umfangreichere Wasserwechsel und zusätzliche Pflegemaßnahmen.

Starke Pumpen erzeugen viel Strömung. Starke Strömung trägt jedoch viel Sauerstoff ein und treibt CO_2 aus. Das schadet wiederum den Pflanzen und begünstigt Algenwuchs. Gegen Algen wird dann ein als ‚Flüssig-CO_2' vermarktetes Algizid zugesetzt – oder andere chemische Präparate, die ohne aufwendige Technik zumeist überflüssig sind.

Die Ansprüche des Aquarianers bestimmen, wie stark eine Pumpe, ein Heizstab oder eine Leuchte zu sein hat. Durch geschickte Auswahl der Fische und Pflanzen lässt sich der technische Aufwand minimieren. Vielleicht kann sogar auf eine Heizung oder zumindest höhere Temperaturen im Becken verzichtet werden. Moderate Beleuchtung schränkt zwar die Auswahl an Pflanzen (auf die billigeren Arten) ein, macht jedoch eine CO_2-Anlage überflüssig. Auch die Pumpe kommt ohne Turbo aus, wenn das Aquarium weniger Abfall produziert.

„Mehr hilft mehr" gilt nur im Marketing, nicht jedoch für Aquarientechnik.

2 Pumpe und Strömung

Stromschnellen, Wildbäche oder Meeresbrandung und Gezeiten können wir im Hobbyaquarium nicht simulieren. Selbst scheinbar träge fließende Tieflandflüsse zeichnen sich durch Prozesse wie Erosion und Sedimentation oder den Wechsel von Hochwasser und Niedrigwasser aus und können schon allein wegen des schieren Volumens nicht im Hobbyaquarium nachgestellt werden.

Die maximale Geschwindigkeit von natürlich fließendem Wasser liegt bei etwa 10 km/h. Das entspricht rund 300 cm/s. Selbst mit Strömungspumpen, die speziell für die Meerwasseraquaristik entwickelt wurden, erzielen wir im Aquarium kaum mehr als 50 cm/s. (Das entspricht etwa 1,8 km/h.)

2.1 Strömung im Becken

Wenn wir von Strömung im Aquarium sprechen, denken wir an die turbulente, gut sichtbare Strömung des Wassers, das mit Überdruck und hoher Geschwindigkeit aus der Filterpumpe austritt. Diese Bewegung (Konvektion) des Wassers nimmt rasch ab, sobald sie sich auf den ganzen Wasserkörper verteilt. An jedem Hindernis (Dekoration, Pflanzen) wird sie abgeschwächt. In einem langen Becken erreicht sie oft nicht einmal die gegenüber liegende Seite.

Die Strömung geht in eine kreisende Bewegung über, die wir Umwälzung nennen. Sie ist auf den Unterdruck im Filter gerichtet und wird erst wieder sichtbar stärker, wo sie sich der Engstelle des Auslaufs zum Filter nähert. Mit einer Umwälzpumpe wird das Wasser durch den Filter gesaugt und wieder ins Aquarium zurückgepumpt.

INFO: Stofftransport im Aquarium

durch Diffusion

von Teilchen entlang von Konzentrations- oder Temperaturgradienten durch ihre thermische Eigenbewegung **ohne äußeren Antrieb**;
(sehr langsam, daher nur für kurze Strecken oder für den Stoffaustausch an Grenzflächen relevant).

durch Konvektion:

- lineare, horizontale Bewegung (Strömung) von Teilchen oder
- Kreisbewegung (Umwälzung) aller Teilchen,

die durch den Druckunterschied einer Pumpe **erzwungen** wird.

Die Umwälzung im Aquarium kann nicht mit der Strömung eines natürlichen Gewässers verglichen werden. Dennoch erfüllt sie wichtige Funktionen für das Wohlbefinden der Organismen im Aquarium, indem sie die viel langsameren Diffusionsprozesse unterstützt. Die Umwälzung beschleunigt die Homogenisierung des Wassers in bezug auf Temperatur und chemische Zusammensetzung oder den Gasaustausch mit der Luft. Nährstoffe werden rascher an die Organismen herangebracht und Schadstoffe abgeführt (und in den Filter geleitet).

Will man eine starke gerichtete Strömung erzeugen, um bestimmte Habitate zu simulieren, kommen Strömungspumpen zum Einsatz.

2.1.1 Fische und Strömung

Die Mehrheit unserer Zierfische im Süßwasseraquarium stammt aus strömungsarmen Habitaten.

M&M: Fische brauchen Strömung zur Unterhaltung und sportlichen Ertüchtigung.

Fische lieben Strömung. „Sie spielen gerne in der Strömung." Je stärker die Strömung, desto mehr Spaß haben die Fische.

Starke Strömung gilt als potentiell lebensfeindlich. Wichtiger als starke Strömung erscheint sauberes und sauerstoffreiches Wasser. Allerdings trägt Strömung auch zur Sauerstoffanreicherung bei.

Vertreter sogenannter rheophiler Arten, die an starke Strömung angepasst sind (wie z. B. Malawi-Buntbarsche, Prachtflossensauger/*Sewellia lineolata* oder Fächerhandgarnelen) brauchen neben starker Strömung auch Steinaufbauten oder kiesiges Bodensubstrat, wo zumindest ihr Laich und in der Folge ihre Larven in Spalten und Hohlräumen vor allzu starker Strömung geschützt sind und wo sie Aufwuchs als Weidegründe vorfinden. Auch in Gebirgsbächen gibt es ruhige Zonen, in denen sich nicht nur die Fische (z. B. Tanichthys oder Xiphophorus), sondern auch ihre Beutetiere aufhalten. Im Aquarium kommen folglich auch solche Arten mit deutlich weniger Strömung gut zurecht.

Manche Arten wie Bachforellen können aus verschiedenen Gründen nicht dauerhaft im Aquarium gehalten werden.

> EXPERTE[3]: Bachforellen zählen zu den Kieslaichern, die ihren Laich im grobkörnigen Sediment vergraben. Ihre Larven benötigen 7–10 mg/l O_2 bei 10-17° C. Da sie anfänglich im Porenraum des Sediments leben, sind sie vor der starken Strömung im Fluss geschützt. Gleichzeitig sind sie auf starke Strömung (ca. 40 cm/s mittlere Strömungsgeschwindigkeit) in ihrem Fluss angewiesen, da diese die Verstopfung der Poren mit feineren Sedimenten verhindert und zugleich die Versorgung mit Frischwasser bzw. mit Sauerstoff sicherstellt.

Ein Extrembeispiel der anderen Art stellen manche Labyrinthfische dar. Sie überleben selbst in stehenden, warmen Gewässern (z. B. in Reisfeldern) bei sehr niedrigen Sauerstoffgehalten. Hochzuchten wie dem Schleierkampffisch/*Betta splendens* fällt das kontinuierliche Anschwimmen gegen die Strömung selbst einer Filterpumpe schwer. Darüber hinaus vertragen ihre Schaumnester keine Strömung.

TIPP: Keine Strömung bedeutet nicht zwingend keine Filterung. Labyrinther mögen zwar keine Strömung, aber dennoch sauberes Wasser. Mit Pflanzen und größeren Steinen im Becken, aber auch mit einem Sprayrohr lässt sich die Strömung aus der Filterpumpe stark abschwächen. Braucht man starke Strömung im Aquarium, so soll diese nicht mit einer stärkeren Filterpumpe, sondern mit einer zusätzlichen Strömungspumpe erzeugt werden.

2.1.2 Pflanzen und Strömung

In Gewässern mit starker Strömung findet man außer Algen (und Moosen im Spritzwasserbereich) keine Pflanzen. Denn starke Strömung begünstigt hohe Sauerstoff- und niedrige CO_2-Gehalte und folglich Algen.

---

[3] vgl. Jungwirth, M., Haidvogel, G., Moog, O., Muhar, S., Schmutz, S. (2003): Angewandte Fischökologie an Fließgewässern. Facultas/UTB, Seite 232. https://boku.ac.at/fileadmin/data/H03000/H81000/H81200/_TEMP_/lehre/Angewandte_Fischökologie_an_Fließgewässern.pdf

M&M: Pflanzen gedeihen in stärkerer Strömung besser.

Die Strömung transportiert Nährstoffe zu den Pflanzen, die sich nicht aktiv Nahrung beschaffen können.

> EXPERTE[4]: „Hiernach sollte man meinen, daß fließendes Wasser eine sehr reiche Flora aufweist, weil an diesen Stellen nicht auf Ersatz der dem Wasser entzogenen Stoffe gewartet werden braucht, da die Strömung schon im nächsten Augenblick an die Stelle der verbrauchten Stoffe neue zuführt. Die Erfahrung zeigt dagegen, daß dem nicht so ist. Strömendes Wasser ist der Entwicklung von Wasserpflanzen nicht so günstig als stehendes in Teichen, Tümpeln und Seen."

> EXPERTE[5]: Das Wachstum wird in besonders starker oder besonders schwacher Strömung reduziert. Das ist für verschiedene Arten unterschiedlich. Bereits bei 4 cm/s konnten negative Effekte gemessen werden. Andere Arten reagierten erst bei 23 cm/s. Eine Strömung an den Blättern unter 1–2 cm/s kann ebenfalls wachstumshemmend wirken.

Nur im Strömungsoptimum wirkt sich die Wasserbewegung positiv aus, da sie den Gasaustausch an der Blattoberfläche beschleunigt, nicht zu viel CO_2 austreibt und zugleich ausreichend Sauerstoff (auch für die Nacht) einspült.

TIPP: „Bei Pflanzenaquarien den Filterauslauf nicht in das Wasser zurückplätschern lassen (zu viel Sauerstoffeintrag, zu hohe CO_2-Verluste), sondern unter Wasser ausströmen lassen und die Oberfläche wenig bewegen." [6]

---

[4] Bade, Ernst (1898): Das Süßwasser-Aquarium. Geschichte, Flora und Fauna des Süsswasser-Aquariums, seine Anlage und Pflege. 2. Auflage, Seite 58. (Digitalisat auf Google Books, https://books.google.at/)

[5] vgl. Walstad, Diana (2003): Ecology of the Planted Aquarium. Echinodorus Publishing, 2. Ausgabe, Seite 104.

[6] Krause, Hanns-J. (2004): Handbuch Aquarientechnik. Bede, 4. Auflage, Seite 131.

2.1.3 Pumpen

Die Pumpe stellt das Herz(stück) fast jeden Aquariums dar. Je nach Bauart lassen sich damit verschieden starke Strömungen erzeugen. Strömung verbessert die Belüftung und Filterung des Aquariums.

(1) Luftpumpen

Luftpumpen pumpen Luft ins Aquarium. Die aufsteigenden Luftblasen versetzen den Wasserkörper in Bewegung. Die Größe der Blasen hängt davon ab, ob die Luft direkt aus dem Schlauch, über einen Sprudelstein oder durch ein Steigrohr ins Wasser strömt.

Die ersten Aquarienpumpen waren Membranpumpen, die mit Luft das Wasser umwälzten. Die Umwälzung sollte das von den Fischen ausgeatmete CO_2 an die Oberfläche bringen und ‚austreiben' und zugleich gegen Sauerstoff tauschen (wie beim Lüften eines Raumes). Ihr Wirkprinzip wird noch heute vielfach falsch verstanden:

M&M: Luftpumpen blasen Sauerstoff ins Wasser.

Mit der Luftpumpe führen wir dem Wasser Sauerstoff zu, der sich im Wasser löst.

BEISPIEL: ***„Bubble Air Pump Aquarienluftpumpe" (Dohse)***

„Die *Bubble Air Pump Aquarienluftpumpe* versorgt Ihr Aquarium zusätzlich mit lebensnotwendigem Sauerstoff." [7]

Luftpumpen liefern nicht Sauerstoff, sondern erzeugen Strömung und Wellen, was den Gasaustausch mit der Atmosphäre beschleunigt. Im Vergleich dazu kann der direkte Sauerstoffeintrag über die Luftblasen als gering betrachtet werden (selbst mit Ausströmer), da die gesamte Oberfläche der gerade aufsteigenden Blasen nur einen Bruchteil der gewellten Wasseroberfläche beträgt. Überdies enthält der Luftstrom aus der Pumpe nur rund 21 % Sauerstoff. Die Rechnung wäre eine andere, wenn die Blasen nicht Luft, sondern reinen Sauerstoff enthielten. Doch dann würde man sich um die Vorteile einer einfachen und preisgünstigen Luftpumpe bringen.

---

[7] Bubble Air Pump 100. Dohse Aquaristik GmbH & Co. KG (Deutschland), https://dohse-aquaristik.com/DE/00690/bubble-air-pump-100

TIPP: CO_2-Düngung und Luftpumpe passen nicht zusammen. In bepflanzten Becken sollte auf alles, was blubbert, verzichtet werden, um kein CO_2 auszutreiben. Um Sauerstoff im Wasser anzureichern, eignet sich grundsätzlich jede Pumpe, die eine Umwälzung und leichte Wellen erzeugt.

Wird die Membranpumpe mit einem Luftheber (Steigrohr) verbunden und saugt der Luftheber das Wasser durch eine Schaumstoffpatrone oder einen Mattenfilter an, so arbeitet die Membranpumpe auch als Filterpumpe, obwohl sie sich außerhalb des Filters befindet.

(2) Filterpumpen

Als Filterpumpen kommen heute Kreiselpumpen zum Einsatz. Die Nennleistung einer Filterpumpe wird durch viele Einflüsse reduziert, vor allem in Außenfiltern. Pumpen in Innenfiltern weisen geringere Leistungsverluste auf.

M&M: Die Umwälzung im Becken entspricht der Nennleistung der Pumpe.

Hohe Nennleistungen der Filterpumpen entsprechen nicht unbedingt der tatsächlichen Wasserumwälzung im Becken.

Beispiel: ***„JBL CristalProfi e902 greenline“*** (für Beckenvolumen von 90–300 Liter)
Produktinformationsblatt: „Extreme Laufruhe bei 900 l/h Pumpenleistung“.
Bedienungsanleitung: „Bei 1,50 m Schlauchlänge und Betrieb mit den mitgelieferten Filtermassen ergibt sich im Neuzustand oder nach Reinigung etwa folgende Leistung: 380–450 l/h.“

Durch Verschmutzung der Schläuche und der Filtermassen reduziert sich diese Leistung weiter. Bei 50 % Leistungsabfall wird eine Reinigung empfohlen.

EXPERTE[8]: „Die Angabe der Nennleistung der Hersteller ist der Volumenstrom, der erreicht wird ohne Leitungs- und Filterwiderstände. In der Regel

[8] Wie hoch ist die wirkliche Durchflussmenge? Beitrag von Gerd Kassebeer vom 13.07.2003 im Zierfischforum, Centurio Ltd. (England), https://www.zierfischforum.info/archiv-2003-a/30228-wie-hoch-ist-die-wirkliche-durchflussmenge.html

ist er, bedingt durch den Strömungswiderstand von Rohren, Schläuchen, Filtern, ungefähr halb so groß."

Der Strömungswiderstand ergibt sich unter anderem aus Schlauchlänge, Schlauchdurchmesser und Anzahl der rechtwinkeligen Schlauchverbindungen sowie Bewuchs und Sediment in Schläuchen und Rohren. Nicht zuletzt werden sich über die Zeit auch die Verschmutzung und der Verschleiß der Pumpe bemerkbar machen.

Effektiv bleiben in Außenfiltern 40–60 Prozent der Nennpumpenleistung übrig (mehr in Innenfiltern). In der Folge versuchen Hersteller, diese Leistungsreduzierung der Pumpe durch Überdimensionierung zu kompensieren. Dadurch werden sehr hohe Pumpenleistungen erst verständlich. Nur weil sie in der Praxis kaum erreicht werden (und auch nicht nötig sind), funktionieren viele Aquarien trotz der überdimensionierten Pumpen.

TIPP: Als Leistungskennzahl für Pumpen in Außenfiltern eignet sich die Förderhöhe besser als das geförderte Volumen pro Stunde (Förderstrom). Die Pumpenkennlinie zeigt an, wie stark die Durchflussmenge mit zunehmender Förderhöhe abnimmt.

(3) Strömungspumpen

Ihr Zweck besteht primär in der Erzeugung einer kräftigen, linearen Strömung für strömungsliebende Arten. Mit sogenannten ‚Powerheads' wurde schon früh in Riffaquarien die Brandung simuliert. Wenig überraschend empfiehlt sie die Werbung nun auch für Süßwasserbecken.

M&M: Je stärker die Strömung im Aquarium, desto natürlicher wirkt sie!

Die Umwälzung im Aquarium kommt nie an die Strömungsgeschwindigkeiten in natürlichen Biotopen heran. Daher kann eine Pumpe nie stark genug sein.

Ein sogenannter Amazon-Partner empfiehlt ein Produkt mit einer Strömungsleistung von ca. 2.800 l/h für Aquarien mit 40 bis 200 Liter mit folgenden Worten: „In der Meerwasseraquaristik schon lange Standard, ist eine naturnahe Strömung in den meisten Süßwasserbecken nicht vorhanden. Schon seit längerer Zeit findet ein

Umdenken statt und immer mehr Süßwasser-Aquarianer setzen auf eine Strömungspumpe in ihrem Aquarium.“ [9] Diese Strömung entspricht einer Umwälzung des 14- bis 70fachen Beckenvolumens pro Stunde!

So hohe Pumpenleistungen sind nur für die Strömung in Spezialaquarien wie Meerwasseraquarien erforderlich. Steinkorallen brauchen zumindest eine 10fache Volumenumwälzung pro Stunde, besser ist eine 20fache oder noch mehr. In Riffaquarien wird mit Strömungspumpen nicht nur die Strömung rund um ein Riff oder an einer Küste simuliert, sondern zugleich auch verhindert, dass sich Detritus auf dem Boden oder auf Korallen ablagert. Dazu sind Geschwindigkeiten ab 20 cm/s erforderlich.

Selbst Malawi-Becken, die sich in der Regel durch hohe Besatzdichte und das weitgehende Fehlen von Pflanzen auszeichnen, kommen mit einer Umwälzung des 5–10fachen Beckenvolumens pro Stunde gut zurecht.

> EXPERTE[10]: „Während Twin-Powerheads die ideale Ausstattung zum Betreiben von Bodengrundfiltern in einem Zwei-Meter-Ostafrika-Cichliden-Aquarium sind, passen sie noch lange nicht zu einem 60-Zentimeter-Gesellschaftsbecken, wo eine kleine Luftpumpe eher angebracht wäre.“

Als weitere Einsatzgebiete für Strömungspumpen kommen spezielle Flussaquarien infrage. Darüber hinaus werden Strömungspumpen neuerdings auch für Aquascaping empfohlen, um die hohe Düngermenge rascher im Becken zu verteilen.

---

[9] Tunze Turbelle nanostream Test – Frischer Wind in deinem Aquarium. Aquarium-Perfekt, WeDoPublishing UG (Deutschland), https://aquarium-perfekt.de/tunze-turbelle-nanostream-test/

[10] Bailey, Mary (1998): Aquaristik in Großbritannien. (Übersetzung aus dem Englischen) DATZ 51, 1/98, Seite 34.

2.1.4 Gasaustausch

Mit der Umwälzung stellt man den Gasaustausch sicher, wo zuviel Sauerstoff verbraucht oder CO_2 angereichert wird.

(1) Sauerstoffmangel

Bei Überbesatz droht Sauerstoffmangel. Mehr Fische verbrauchen mehr Sauerstoff UND produzieren mehr organische Abfälle. Je mehr organisches Material von Bakterien ‚gefressen' (oxidiert) wird, desto mehr Sauerstoff verbrauchen auch diese. Atmung und Oxidation können mehr Sauerstoff binden, als durch Diffusion und Photosynthese in das Wasser gelangt. In pflanzenlosen Aquarien erfolgt der Gasaustausch ausschließlich an der Wasseroberfläche (nicht an Blättern). Sauerstoffmangel kann aber auch in normal besetzten, sogar in bepflanzten Becken auftreten,

- wenn die Pumpe versagt (Ausfall der Umwälzung);
- in zu warmem Wasser (herabgesetzte Löslichkeit von Sauerstoff, siehe Kapitel 3.3.1);
- in dicht bepflanzten Aquarien während der Dunkelphase (auch Pflanzen verbrauchen Sauerstoff);
- durch eine dicke Kahmhaut, die den Gasaustausch und den Lichteintritt behindert;
- nach der Anwendung von Algiziden (wenn Algen massenweise absterben und sodann abgebaut (oxidiert) werden);
- durch Medikamente auf Formaldehyd-Basis, da sie Sauerstoff zehren. (Überdosierung muss unbedingt vermieden werden!)

Eine große Wasseroberfläche relativ zum Volumen begünstigt den Sauerstoffeintrag durch Diffusion an der Grenzfläche. Umwälzung und Konvektion verteilen Sauerstoff rasch im Wasser und transportieren ihn zu den Verbrauchern.

Auch der Handel hält verschiedene Optionen zur Sauerstoffanreicherung bereit:

(a) Sauerstofftabletten

M&M: Sauerstofftabletten ersetzen die Belüftung.

Wenn Fische ständig nach Luft schnappen, muss man den Sauerstoffgehalt im Wasser erhöhen.

Beispiel: ***„Hobby Oxyletten“ (Dohse)***
„Die Tabletten reichern das Wasser mit Sauerstoff an, beschleunigen den Abbau organischer Abfallstoffe und wirken der Algenbildung entgegen. Unentbehrlich bei Ausfall von Aquarienpumpen in kleineren Becken.“ [11]
Laut Sicherheitsdatenblatt handelt es sich dabei um ein Bleichmittel auf Sauerstoffbasis, bestehend aus Citronensäure-Anhydrat, weiters Natriumcarbonat und Natriumpercarbonat [=Soda mit Wasserstoffperoxid-Molekülen].

Sauerstofftabletten werden nicht nur für den Pumpenausfall, sondern auch bei Sauerstoffmangel allgemein empfohlen.

EXPERTE[12]: Sauerstofftabletten erhöhen zwar kurzfristig den Sauerstoffgehalt des Wassers, dürfen aber nicht im Routinebetrieb als Ersatz für eine gute Belüftung eingesetzt werden. Sie sind nur als Akutmaßnahme (z. B. bei mehrstündigem Stromausfall) oder für einen längeren Transport von Fischen im Plastikbeutel (für maximal 8 Stunden) gedacht.

INFO: Zerfall von H_2O_2 Wasserstoffperoxid

$H_2O_2 \longrightarrow {}^\bullet OH + {}^\bullet OH$
$H_2O_2 \longrightarrow H_2O + O^\bullet$
$H_2O_2 \longrightarrow H_2 + O_2$

(b) Oxidator

Auch Oxidatoren verwenden Wasserstoffperoxid H_2O_2 (auch HOOH geschrieben). Bei dessen katalytischem Zerfall zu $O^\bullet$- und ${}^\bullet OH$-Radikalen wird auch O_2 freigesetzt (siehe INFO-Box). Der Sauerstoffgehalt des Wassers wird dabei jedoch nur unwesentlich (nur durch die dritte Zer-

---

[11] Oxyletten. Dohse Aquaristik GmbH & Co. KG (Deutschland), https://dohse-aquaristik.com/DE/51320/oxyletten

[12] vgl. JBL OxyTabs, Sauerstofftabletten für Süßwasser-Aquarien. JBL GmbH & Co. KG (Deutschland), https://www.jbl.de/de/produkte/detail/2324/jbl-oxytabs

fallsreaktion) erhöht. Über die Wirkung von Sauerstoffradikalen haben wir bereits in Band 4 informiert.

Im Gegensatz zu Ozon kann H_2O_2 in flüssiger, verdünnter Lösung im Handel erworben und in Flaschen transportiert werden, was seine Handhabung wesentlich erleichtert. In dieser Form kommt es auch in der Aquaristik zum Einsatz.

M&M: Der *„Söchting-Oxydator“*[13] löst reinen Sauerstoff ohne Bläschenbildung und lautlos im Wasser.

(1) Anders als ein herkömmlicher Sprudelstein hängt der *Oxydator* an keiner Luftpumpe und an keinem Stromkabel.

- ➢ Er verursacht kein Geblubber (keine Blasen und folglich keine Geräusche).
- ➢ Er treibt daher CO_2 nicht aus.
- ➢ Er erhöht das Redoxpotential, was das Algenwachstum hemmt und das Wasser sauber erscheinen lässt.

(2) Der *Oxydator* reichert das Wasser mit Sauerstoff an für ein gesundes Aquariumklima für die Fische. Dazu gibt der Vorratsbehälter langsam H_2O_2 in das Aquarienwasser ab, von dem sich der Sauerstoff katalytisch abspaltet. Er verhindert somit Sauerstoffmangel und Fischsterben.

(3) „Der aktivierte Sauerstoff [gemeint sind Sauerstoffradikale] baut Giftstoffe ab und verhindert bei ausreichender Dosierung Fäulnisbildung und Wassertrübung [durch Bakterien und Algen].“

Er unterstützt den Biofilter durch Oxidation von Ammonium und Nitrit.

- ➢ Der Filter muss seltener gereinigt werden.
- ➢ Er ersetzt jedoch NICHT den Wasserwechsel!

(4) Für das zuverlässige Funktionieren darf nur die Originallösung von *Söchting* verwendet werden. Zur Funktionsweise gab ein US-Patent[14] nähere Auskunft.

---

[13] vgl. Willkommen bei Söchting Oxydator. Dr. rer. nat. K. Söchting Biotechnik GmbH (Deutschland), https://www.oxydator.de/

(1) Der *Oxydator* wird gerne in Pflanzenaquarien und im Aquascaping eingesetzt, weil er das CO_2 nicht austreibt. $O^•$-Radikale erhöhen die Redox-Spannung jedoch bis in den unerwünschten Bereich, in dem auch der Pflanzenwuchs behindert wird.

Da bei der Oxidation von Kohlenstoffverbindungen CO_2 gebildet wird, kann es kurzfristig zu einer Belebung der Pflanzen kommen, was diese wettbewerbsfähiger gegenüber Algen macht. Zugleich produzieren sie mehr Sauerstoff. Mittelfristig werden aber auch Nährstoffe oxidiert und somit fixiert. So wachsen Pflanzen anfangs oft sehr gut, stagnieren aber später in ihrem Wachstum, wenn die gefällten Nährstoffe nicht durch verstärkte Düngung ersetzt werden. Im Aquascaping ist starke Düngung die Regel, sodass dort die Fixierung von Nährstoffen gut kompensiert wird.

(2) Der Sauerstoffeintrag ins Wasser ist im Vergleich zur Belüftung durch Strömung gering. Dafür hantiert man im Aquarium mit Wasserstoffperoxid, einer giftigen Chemikalie. Als 6prozentige Lösung tötet Wasserstoffperoxid Algen und Bakterien ab.

> EXPERTE[15]: Wasserstoffperoxid „kann schon in relativ geringen Konzentrationen die Schleimhäute und Kiemen der Fische angreifen. Außerdem oxidiert es wichtige Nährstoffe der Pflanzen und kann dadurch den Pflanzenwuchs beeinträchtigen."

(3) Die Radikale können Nitrit zu Nitrat oxidieren und somit den Nitrifizierern die Nahrung wegoxidieren. Die zusätzliche Oxidation (Nitrifizierung) von Schadstoffen wirkt sich daher nur dann positiv aus, wenn der biologische Filter unterdimensioniert ist und regelmäßig zu hohe Ammonium- bzw. Nitritwerte gemessen werden. In gut funktionierenden Filtern stört sie die bakterielle Aktivität.

(4) Der *Oxydator* gibt das Wasserstoffperoxid über ein bis vier Wochen hinweg an das Wasser ab. Dann muss er nachgefüllt werden. Laufende Kosten sind die Folge.

Die „*Söchting-Oxydator*-Lösung" enthält Wasserstoffperoxid in den üblichen, auch in Apotheken erhältlichen Verdünnungen (3-, 6- oder 12-prozentig). Entgegen anders

---

[14] Aquarium Oxygenator. U.S. Patent No. 4,784,765 (1988 bis 2006), https://patents.google.com/patent/US4784765A/en

[15] Krause, Hanns-J. (2007): Handbuch Aquarienwasser. Bede, 6. Auflage, Seite 115.

lautender Werbung enthalten auch Lösungen aus der Apotheke die erforderlichen Stabilisatoren.

TIPP: Oxidatoren eignen sich für pflanzenlose Becken mit dichtem Fischbesatz und hoher organischer Belastung. Denn sie verringern die Keimbelastung des Wassers und können einige Ektoparasiten sowie Schwärmer von *Ichthyophthirius* abtöten. Auch Algensporen werden vernichtet.

Als Sauerstofflieferant ist ein Oxidator unbrauchbar, da er für diesen Zweck nicht genügend Sauerstoff freisetzt. Im Bedarfsfall wirkt eine Belüftung bzw. Umwälzung des Wassers schneller, sicherer und billiger. Auch Pflanzen produzieren mehr Sauerstoff.

„Ein gut durchdachtes und funktionierendes Aquarium kommt ohne Oxidator aus.“ [16]

(c) Sprudelstein

Seit der Einführung von Membranpumpen in die Aquaristik gehört das Blubbern zum Aquarium. Besonders attraktiv erscheint es uns, wenn wir den Luftstrom durch einen Ausströmer (den sogenannten Sprudel„stein“, heute oft aus Lindenholz oder porösem Plastik) ins Becken leiten.

M&M: Der Sprudelstein reichert das Wasser mit Sauerstoff an.

Sprudelsteine vermitteln mit ihren zahllosen Bläschen den Eindruck, sie würden das Wasser in ganz besonderer Weise mit viel Sauerstoff anreichern. Je feiner die ausperlenden Bläschen sind, desto größer wird ihre Gesamtoberfläche und desto länger wird die Kontaktzeit mit dem Wasser.

Sprudelsteine erfüllen hauptsächlich die ästhetische Erwartung an ein blubberndes Aquarium. Doch wo es blubbert oder plätschert, wird nicht nur Sauerstoff eingebracht, sondern vor allem CO_2 aus dem Wasser ausgetrieben. Ersteres ist in einem bepflanzten, nicht überbesetzten Aquarium meist unnötig, letzteres unerwünscht. Dann

---

[16] Kottmann, Dennis: Oxydator im Aquarium. DRTA-Archiv.de (eEducation Net e.K.), https://www.drta-archiv.de/oxidator/

überwiegt der Schaden an den Pflanzen den Nutzen für die Tiere. Denn der Sauerstoffeintrag ist trotz Sprudelstein im Vergleich zu einer Filterpumpe oder gar zu Pflanzen gering.

> EXPERTE[17]: „Tatsache ist, daß kein noch so kostspieliger Durchlüfterstein die Sauerstoffversorgung des Aquariums so perfekt vollziehen kann wie gesunde, assimilierende Pflanzen."

> EXPERTE[18]: *Jürgen Schmidt* bezeichnet den Sprudelstein als „eine Gerätschaft aus der Anfangszeit der Aquaristik". Nur wer keinen Filter einsetzen will oder kann oder keine zu starke Strömung erzeugen möchte, verwendet heute noch einen Sprudelstein zur Wasserbewegung (z. B. in Zuchtbecken).

Die Wirkung einer Luftpumpe (siehe voriges Kapitel) liegt darin, mit der gepumpten Luft das Wasser in Bewegung zu versetzen (mit allen Vorteilen der Strömung). Mit einem Sprudelstein wird der Luftstrom in feine Bläschen geteilt. Je feiner die Bläschen, desto weniger Wasser können sie heben, aber desto weniger laut blubbern sie, wenn sie zerplatzen.

TIPP: Blubbernde Dekoration wie sich öffnende Schatztruhen, ‚sprechende' Totenköpfe oder Luftblasen speiende Vulkane hat dieselben Nachteile wie Sprudelsteine, bringt Unruhe ins Becken und stresst die Bewohner (sowie manch einen Betrachter).

(d) Diffusor

Neuerdings wird der Filtereinlauf (ins Aquarium) mit einem Diffusor ausgestattet. Dieser beruht auf dem Prinzip der *Venturi*-Düse bzw. der Wasserstrahlpumpe. Das aus dem Filter kommende Wasser wird durch eine Düse geleitet. Dadurch ensteht in der Engstelle ein Unterdruck, der über ein aufgestecktes Rohr Luft ansaugt. Die Luft wird im Wasserstrom verwirbelt und erzeugt feine Luftbläschen. Ihr Sauerstoffeintrag ist kaum höher als jener von Sprudelsteinen.

---

[17] Horst, Kaspar, Kipper, Horst (1978): Das perfekte Aquarium. Tetra, Melle, 2. Auflage, Seite 74.

[18] vgl. Schmidt, Jürgen (2008): Guramis und Fadenfische. Ihr Hobby. Bede, 3. Auflage, Seite 31.

EXPERTE[19]: „Bei einem normalen Aquarium ist ein Diffusor eigentlich überflüssig.“

Der Sauerstoffeintrag findet auch hier vorwiegend an der durch den Filtereinlauf bewegten Oberfläche und nur untergeordnet an den Luftblasen statt.

TIPP: Bei geringer Besatzdichte und genügend großer Oberfläche muss man sich nicht um zu geringen Sauerstoffgehalt sorgen, da über die Wasseroberfläche immer genügend Sauerstoff ins Wasser diffundiert.

Nicht immer liegt Sauerstoffmangel im Wasser vor, wenn die Fische nach Luft schnappen. Es ist sogar eher wahrscheinlich, dass Giftstoffe (Ammoniak, Nitrit, Chlor) oder Krankheitserreger (Kiemenparasiten) die Kiemen bzw. die Atmung blockieren, was die Fische ebenfalls an die Wasseroberfläche treibt (siehe Band 8).

(2) CO_2-Überschuss

Seit Pflanzen in Aquarien gehalten werden können, gilt CO_2 nicht mehr als Schadstoff, der ausgetrieben werden, sondern als wertvoller Dünger, der eher zugeführt werden muss. Auch ohne CO_2-Düngung ist Aquarienwasser immer mit CO_2 übersättigt (siehe Kapitel 3.3.2). Beim Einsatz einer Pumpe entweicht überschüssiges CO_2 laufend in die Luft.

M&M: „Labyrinthfische ersticken beim Luftholen an der Wasseroberfläche“ [20] in einer Schicht Kohlendioxyd.

Dieser Mythos stammt aus *Dieter Vogts* „Knaurs Aquarien- und Terrarienbuch“ [21]:

---

[19] Splett, Uwe J.: Allgemeine Fragen zur Aquaristik - und die Antworten darauf, Teil I. https://www.afizucht.de/html/fragen_antwort_1.html#Filterstroemungsrichtung

[20] Hetz, Stefan (2003): Die Atmung bei Fischen. Aquaristische Legenden und wissenschaftliche Tatsachen. In: Aquaristik und Aquarium heute, Februar/März 2003. https://www.zierfischforum.at/magazin/leseecke/atmung_bei_fischen.html

[21] Vogt, Dieter, Wermuth, Heinz (1961): Knaurs Aquarien- und Terrarienbuch. Das Haus- und Handbuch der Vivaristik. Droemer, Seite 59.

„Wir wollen uns aber merken, daß die Durchlüfterpumpe nicht dazu da ist, Sauerstoff in das Wasser zu bringen, sondern daß sie nur für eine Wasserumwälzung sorgt. Damit wird dem Wasser Gelegenheit gegeben, an der Wasseroberfläche das giftige Kohlendioxyd abzugeben – man spricht von ‚austreiben' – und Sauerstoff aufzunehmen. Als Folge des ‚Austreibens' lagert über der Wasseroberfläche mit der Zeit eine Schicht Kohlendioxyd, die wir ab und zu, möglichst jeden Tag einmal, durch Abnehmen der Deckscheibe und Wegblasen oder Wegwedeln vertreiben müssen. Sonst staunen wir, wenn die Fische selbst bei starker Durchlüftung an der Oberfläche erfolglos nach Luft schnappen. Sie können einfach nicht an die frische Luft gelangen, weil das Kohlendioxyd, das schwerer ist als Luft, in mehr oder weniger dicker Schicht über dem Wasser lagert. Die Tiere nehmen also beim Luftschnappen immer wieder eine gewisse Menge Kohlendioxyd auf und ersticken schließlich trotz eifrigsten Luftschnappens. Das Problem der Kohlendioxyd-Vertreibung von der Wasseroberfläche ist auch heute noch nicht befriedigend gelöst, daher sollte jeder erfolgreiche Versuch in der Fachpresse bekannt gegeben werden."

Kohlenstoffdioxid

Da der Mythos von der CO_2-Schicht über dem Aquarium irgendwie plausibel klingt, hat er auch Eingang in modernere Literatur gefunden. Immer wieder weisen Autoren[22] auf eine ausreichende Belüftung der Wasseroberfläche hin, wenn man eine CO_2-Düngung einsetzen will.

Selbst *Krause* fällt auf den Mythos herein: „Wenn im Aquarium der Wasserspiegel mehrere Zentimeter unter den Beckenrand gesunken ist, ruht auf der Wasseroberfläche häufig eine kompakte CO_2-Schicht. Luft atmende Tiere, beispielsweise Labyrinthfische, ersticken darin, weil sie die sauerstoffhaltige Luft nicht mehr erreichen können." [23] An anderer Stelle warnt *Krause*[24] davor, dass eine lecke CO_2-Flasche einen Aquarienkeller mit einem lebensgefährlichen Gehalt an CO_2 anreichern kann – und zwar den ganzen Keller, nicht bloß die Bodenschicht!

---

[22] Seehaus, Thomas; Schmidt, Jürgen (2002): Makropoden – Paradiesfische. Ihr Hobby, Bede, Seite 29.

[23] Krause, Hanns-J. (2007): Handbuch Aquarienwasser. Bede, 6. Auflage, Seite 47.

[24] vgl. Krause, Hanns-J. (2004): Handbuch Aquarientechnik. Bede, 4. Auflage, Seite 136.

Ozon

25 Jahre nach *Vogt* berichtet *Sander*[25] Ähnliches über Ozon, das ebenfalls schwerer als Luft ist. Ozon solle nicht bei Luftatmern eingesetzt werden, da sich Ozon auf der Wasseroberfläche ablagere.

Die Diffusion von Gasen in der Luft erfolgt etwa 10.000mal schneller als im Wasser. Durch Konvektionsströme in der Luft vermischen sich die Gase noch schneller, ohne sich gegenseitig zu verdrängen. Eine „kompakte Kohlendioxydschicht" würde einen starken Partialdruck nach allen Seiten (auf das Wasser und in die Luft) ausüben und wegdiffundieren. Es bleibt daher unverständlich, wie sich eine solche Schicht stabilisieren könnte. Das beschriebene Problem existiert nicht.

> EXPERTE[26]: „Wenn das Kohlendioxid an der Luft ist, kann es allerdings sehr viel leichter diffundieren und wird deshalb – selbst durch kleine Ritzen in der Abdeckung – schnell in den Raum entweichen. Eine signifikante Anreicherung wird man also gar nicht messen können. Das Zitat [nach *Vogt*] sollten wir also schleunigst, falls es nicht bereits geschehen ist, in das Reich der Fabel verweisen."

Selbiges gilt natürlich auch für das Gas Ozon. Sowohl Ozon als auch CO_2 treten in allen Höhenlagen der Atmoshäre auf.

TIPP: Kohlenstoffdioxidvergiftungen sind praktisch nur in unbelüfteten Kellerräumen vorstellbar, wenn durch ein defektes Ventil sehr viel CO_2 plötzlich freigesetzt wird. Zur eigenen Sicherheit kann man sich auf maximal 2-kg-Flaschen beschränken.

---

[25] Sander, Erwin (1986): Technischer Ratgeber für Aquarienfreunde. Firma Sander, Elektroapparatebau, Uetze. Zitat aus Krause, Hanns-J. (2007): Handbuch Aquarienwasser. Bede, 6. Auflage, Seite 83.

[26] Hetz, Stefan (2003): Die Atmung bei Fischen. Aquaristische Legenden und wissenschaftliche Tatsachen. In: Aquaristik und Aquarium heute, Februar/März 2003. https://www.zierfischforum.at/magazin/leseecke/atmung_bei_fischen.html

2.2 Strömung im Filter

In der Filterkammer verändert sich die Strömungsgeschwindigkeit, wie dies für Engstellen bekannt ist. Das gilt für jede einzelne Pore im Filtermedium ebenso wie für den Querschnitt des Filters insgesamt. Je enger der Filterquerschnitt, desto schneller fließt das von der Pumpe bewegte Wasservolumen hindurch, soweit es die Viskosität des Wassers und die Permeabilität des Mediums erlauben. Andernfalls würde sich ein Stau oder eine Verstopfung bilden.

Nach der Strömungsgeschwindigkeit im Filter unterscheiden wir Langsamfilter (in der Größenordnung von 10–25 cm/Stunde) und Schnellfilter (in der Größenordnung von 10–25 cm/Minute).

2.2.1 Schnellfilter

Nach der Strömungsgeschwindigkeit im Filter können alle herkömmlichen Innen- und Außenfilter als Schnellfilter bezeichnet werden. Laufen sie sehr schnell, filtern sie bevorzugt mechanisch.

Mechanische Filterung

Für die mechanische Filterung von Trübstoffen (feststoffliche und kolloidale Reste von Futter und Kot sowie von Pflanzen und Tieren) braucht man eine starke Pumpe. Denn eine starke Strömung transportiert auch gröbere Partikel in den Filter, bevor sie sich im Aquarium absetzen können.

Während das Filtervolumen für das Wohnzimmeraquarium an natürliche Grenzen stößt, kann die Pumpenleistung je nach Modell und Preis stark variieren. Nicht immer stellt der Filter mit der stärksten Pumpe auch die beste Wahl dar. Eine überdimensionierte Filterpumpe steigert zwar die Leistung der mechanischen Filterung, erzeugt jedoch auch eine starke turbulente Strömung im Becken, die für viele (kleine) Fische und Pflanzen eher ungünstig ist. Bei starker Strömung im Becken landet auch viel Futter im Filter, bevor es die Fische fressen können.

M&M: Ein kleines Filtervolumen wird durch eine starke Pumpe kompensiert.

Ist der Filter klein, dann muss das Wasser eben öfter durch den Filter. Eine kleine, platzsparende Filterkammer wird daher mit einer umso stärkeren Pumpe ausgestattet. Leistungen bis zum 10fachen Beckenvolumen pro Stunde sind nicht unüblich. In Amerika gilt: „Six to ten times the volume of the aquarium per hour is a good turnover rate for most systems!" [27]

Solche Power-Filter kommen üblicherweise in der Meerwasseraquaristik als mechanische Filter zum Einsatz, um das Wasser von Trübstoffen zu klären. Ähnliches gilt für Fish-only-Aquarien, also solche ohne (echte) Pflanzen, wie in den USA die Regel.

Der Beitrag der Power-Filter zur biologischen Filterung des Beckens ist jedoch bescheiden, da sie für die Bakterien nicht ausreichend Siedlungsfläche bieten und „zu schnell" laufen. In der starken Strömung verlegen sich die Poren eines zu klein dimensionierten Filters rasch. Folglich muss er täglich bis wöchentlich gereinigt werden (je mehr Fische desto häufiger). Je häufiger der Filter gereinigt wird (werden muss), desto schlechter funktioniert er als Biofilter. Die Hersteller empfehlen in diesem Fall natürlich den Tausch des Filtermaterials und Reinigungsbakterien aus der Flasche. Letztere sind nicht nur hier überflüssig (siehe Band 5). Denn im mechanischen Filter wird auf Bakterien keine Rücksicht genommen. Die biologische Filterung findet vielmehr überall im Aquarium statt, vorzugsweise im Substrat.

> EXPERTE[28]: „Viele Filterhersteller glauben offenbar, dass man eine kleine Filterkammer durch eine entsprechend stärkere Durchströmung kompensieren kann. Dabei wird nicht bedacht, dass viele Fische [Pflanzen und Mikroorganismen ebenso] unter zu starker Strömung leiden. Es muss darauf geachtet werden, keinen zu starken Motor zu benutzen!"

Wer starke Strömung im Becken braucht, ist mit einer zusätzlichen Strömungspumpe besser bedient als mit einer starken Filterpumpe.

---

[27] Stanley, Kelly: Can You Over Filter a Fish Tank? Aquarium Labs (USA), https://aquariumlabs.com/can-you-over-filter-a-fish-tank/

[28] Vierke, Jörg (2010): Kleine Aquarien. Franckh-Kosmos, Stuttgart, Seite 15.

TIPP: Kleine Innenfilter lassen sich gut als mechanische Filter sowie als zusätzliche Strömungspumpen in größeren (!) Becken verwenden. Ihr kleiner Filterschwamm dient primär dazu, das Einsaugen schwacher Tiere zu verhindern. Für effektive biologische Filterung ist der Filterschwamm in der Regel zu klein und die Filterpumpe zu stark.

Ersetzt man den Filterschwamm durch chemische Filtermedien, so wird ein chemischer Filter daraus.

Während Innenfilter tendentiell mit zu starken Pumpen ausgestattet werden, neigen Außenfilter zu überdimensionierten Biofiltern.

Biologische Filterung

Im biologischen Filter sollen im Gegensatz zum mechanischen Filter Mikroorganismen, insbesondere ‚gute', nitrifizierende Bakterien gefördert werden, damit sie das Wasser von Ammonium und Nitrit entgiften (siehe Band 4). Der Bedarf an Siedlungsfläche für die Biofilme erklärt das große Volumen der Filtermedien.

M&M: Der biologische Filter kann nie zu groß sein.

Überfilterung gibt es nicht.

(1) „The basis for the selection of an aquarium filter is the size of the aquarium, measured by the amount of water. In general, it is better to choose an oversized filter system than a small one." [29]

(2) „Überdimensionierte Filter haben längere Standzeiten, müssen seltener gereinigt werden und reduzieren somit die Eingriffe." [30]

Das wird dann so missverstanden: Mit einem großen Filter muss man weniger oft Wasser wechseln.

---

[29] Internal Filters. Oase, LQ International (Vietnam), https://www.oasevietnam.com/internal-filters-overview

[30] Kempe, Alex P. (2013): Aquaristik im Detail - Ein Anfängerleitfaden. eBook.

(1) Es wurde schon mehrmals betont, dass Aquarienfilter keine Kläranlage in Wohnzimmerformat darstellen. Sie verarbeiten vergleichsweise niedrig verschmutztes Wasser. Daher reicht für den Ammonium- und Nitrit-Abbau ein relativ kleiner Biofilter. Ein überdimensionierter Filter bringt keinen zusätzlichen Nutzen. Er ist ineffizient, da ein Aquarium nur eine begrenzte Menge an Mikroorganismen ernähren kann.

> EXPERTE[31]: „Die erforderliche Größe eines Filters hängt nicht ab von der Größe des Aquariums – wie Filterprospekte oft behaupten, sondern von der Menge der anfallenden organischen Verbindungen.“ [von der Futtermenge]

Eine Vergrößerung des Biofilters bringt nur dort eine Verbesserung der Wasserqualität, wo zuviel Ammonium produziert wird, also in überbesetzten bzw. überfütterten Aquarien. Denn Bakterien brauchen nicht nur Platz, sondern auch Nahrung.

Ein überdimensionierter Biofilter kann auch unerwünschte Nebenwirkungen zeitigen. Auf die Gefahren der Nitrifizierung (Versauerung, Nitrit-Peak, Ammoniak-Peak, Sauerstoffmangel) wurde bereits in Band 4 hingewiesen. Darüber hinaus muss berücksichtigt werden, dass ein größerer Biofilter auch mehr Nitrat erzeugt. Dagegen hilft kein größerer Filter, sondern nur häufiges Wasserwechseln (siehe Band 5).

(2) Das Hauptproblem überdimensionierter Biofilter besteht in ihrer zu starken Filterpumpe. Mit der starken Strömung gelangt sehr viel Sauerstoff in den Filter, der auch Spurenelemente wie Fe und Mn oxidieren kann.

> EXPERTE[32]: Ist die Nitritkonzentration im Filterauslauf kleiner als 0,02 mg/l [also unter der Nachweisgrenze des Tests], so wird zu stark oxidiert (überfiltert). Hier ist die Filterleistung (Durchsatz oder Volumen) zu groß gewählt.

Damit tritt der Biofilter verstärkt mit den Pflanzen in Konkurrenz um Nährstoffe. Ist das Becken dicht bepflanzt und gering mit Fischen besetzt, so wird es auch mit einem erstaunlich kleinen Filter sein Auslangen finden. Selbst ein nicht überdimensionierter Filter kann hier bereits Überfilterung verursachen. Bei Überfilterung kümmern die Pflanzen und können ihrerseits das Wasser nicht mehr entsprechend rei-

---

[31] Krause, Hanns-J. (2007): Handbuch Aquarienwasser. Bede, 6. Auflage, Seite 80.

[32] vgl. Krause, Hanns-J. (2004): Handbuch Aquarientechnik. Bede, 4. Auflage, Seite 127.

nigen. Alsbald machen sich Algen breit, die das Ungleichgewicht für sich nutzen können. Die Notwendigkeit für häufigeren Wasserwechsel ist die Folge, das Gegenteil von dem, was ein größerer Filter verspricht.

TIPP: Ein überdimensionierter Biofilter ist bestenfalls ineffizient, weil er mangels Nahrungsangebot für zusätzliche Filterbakterien nicht voll ausgelastet wird. Schlimmstenfalls überfiltert er das Becken, was sich negativ auf die Reinigungswirkung der Pflanzen auswirkt und häufigere Wasserwechsel erforderlich macht.

Ein überdimensionierter Biofilter kann weder den Wasserwechsel noch sonstige Aquarienpflege ersetzen.

Mit größerem Filtervolumen kann auch der Filterquerschnitt größer und folglich die Strömungsgeschwindigkeit im Filter verringert werden.

M&M: Biofilter filtern langsam.

Biofilter vertragen nur schwache Strömung. Kann eine starke Filterpumpe nicht gedrosselt werden, muss die Strömungsgeschwindigkeit anders reduziert werden.

Beispiel: ***„Filter System Bioflow Super"*** (Innenfilter von ***Juwel***)

„Das Doppelstromprinzip sorgt dafür, unterschiedliche Strömungsgeschwindigkeiten im *Juwel Bioflow Super* zu erreichen. Insbesondere für die mechanische und chemische Filterung im oberen Filterbereich ist eine vergleichsweise schnelle Strömungsgeschwindigkeit von Vorteil. Eine langsamere Strömungsgeschwindigkeit hingegen ist im unteren Filterbereich von Vorteil, um eine optimale Entfaltung von anaeroben Bakterien zu gewährleisten, welche für die biologische Filterung von essentieller Bedeutung sind." [33]

Die Pumpe mit 500 l/h (für Becken bis 150 l Bruttovolumen) und der Filterquerschnitt der Schwämme mit ca. 9x9 cm erlauben eine maximale Strömungsgeschwindigkeit von rund 100 cm/min. Ein Teil des schnell strömenden Wassers wird nach dem Durchgang durch den oberen Filter über einen Bypass abgesaugt. Dadurch wird

[33] Bioflow Filter Super. Juwel Aquarium AG & Co. KG (Deutschland), https://www.juwel-aquarium.de/de/zubehoer/filterung/filtersystems/bioflow-super

im unteren Filterblock die Strömung soweit reduziert, dass sich sogar anaerobe Bakterien entfalten können.

Bei einer doch beträchtlichen Strömungsgeschwindigkeit im oberen Teil der Filtersäule sollen mechanische, chemische, aerobe und anaerobe Filterung in einer Filtersäule von ca. 30 cm Höhe und in einer Durchgangszeit von weniger als einer Minute stattfinden.

Weder die Produktwebseite noch die gedruckte Bedienungsanweisung trägt zur Aufklärung des „Doppelstromprinzips“ bei. Die angebliche Denitrifizierung im grünen Nitrax-Schwamm wurde bereits in Band 4 faktengecheckt. Auch das „Doppelstromprinzip“ erfüllt die Bedingungen für Denitrifizierung nicht. Eine ausführlichere Begründung folgt im nächsten Kapitel.

Zu starke Strömung im Filter erweist sich für die Ausbildung von Biofilmen als eher nachteilig. Umgekehrt bieten auch zu geringe Durchsatzgeschwindigkeiten (<1–5 cm/min) keinen Anreiz für Bakterien, sich im Filter anzusiedeln.

> EXPERTE[34]: „Bei zu geringer Filtriergeschwindigkeit verlagert sich die Bakterienpopulation vom Filter ins freie Wasser oder auf die Dekoration.“
>
> Umgekehrt gelten (zumindest in Kläranlagen) 30 cm/min Anströmgeschwindigkeit als Obergrenze, ab der die Bakterien beginnen, in weniger „stürmische“ Bereiche umzusiedeln. In beiden Fällen wird der Filter sein Potential als Biofilter nicht voll ausschöpfen können.

TIPP: Die Durchflussgeschwindigkeit im Biofilter muss sowohl eine ausreichende Anströmung als auch Kontaktzeit zwischen den Nährstoffen im Wasser und den nitrifizierenden Bakterien ermöglichen.

[34] Kassebeer, Gerd (2010): Schlamm im Aquarium - Eigenschaften und Bedeutung. Aquaristik ohne Geheimnisse, http://www.deters-ing.de/Gastbeitraege/schlamm.htm (siehe Internet Archive, https://archive.org/)

Als Filtermedium werden hoch poröse und hoch permeable Materialien verwendet. Sie beeinflussen die Strömungsgeschwindigkeit erst dann merklich, wenn sie verstopfen.

M&M: Mein Filter arbeitet dann am besten, wenn das Wasser nur noch langsam ausströmt.

Über kurz oder lang entwickelt sich jeder Filter zu einem Langsamfilter, wenn er nicht gereinigt wird. Wenn die [heterotrophen] Bakterien den Filter verstopfen, beginnen sie Nitrat abzubauen.

„Grundsätzlich funktioniert jeder Filter als Nitratfilter, wenn man den Wasserdurchfluss extrem drosselt, sodass am Filterausgang maximal 1 mg/l Sauerstoff bleibt." [35]

> EXPERTE[36]: „Die Empfehlung, einen Filter solange ungereinigt laufen zu lassen, bis fast kein Wasser mehr heraus kommt, sollte nicht befolgt werden. Grund für diese sehr verbreitete Empfehlung ist die Beobachtung, dass ein sehr langsam arbeitender Filter deutlich bessere Ergebnisse für das Aquarium und insbesondere für einen prächtigen Pflanzenwuchs liefert."

Die Ursache dafür liegt jedoch nicht darin, dass sich im dicken Filterschlamm ein anaerobes Milieu mit Denitrifikation wie in einer Kläranlage einstellt, sondern dass der verstopfte Filter das Wasser nicht mehr reinigt (weil die autotrophen Bakterien nicht mehr mit Nahrung und Sauerstoff versorgt werden) und daher mehr Nährstoffe für die Pflanzen zur Verfügung stehen. Möglicherweise stellt man dabei fest, dass das Aquarium auch gut ohne den (ohnehin zu kleinen?) Biofilter auskommt.

Verstopfte Filter treten häufig bei zu starken Pumpen auf, welche Schwebepartikel tief in die Filterporen hineinsaugen. Der Detritus dient heterotrophen Bakterien als Nahrung. In der Folge verschleimen diese Bakterien den Filter zusätzlich.

---

[35] Gabriel, Anton (2014): Nitrifikation im Aquarium. Beitrag #5 (9. Mai 2014) in: Das Südamerika Forum, https://americanfish.de/forum/index.php?thread/10653-nitrifikation-im-aquarium-von-ing-anton-gabriel/&postID=134548#post134548

[36] Mundt, Joachim: Wie reinigt man einen Filter richtig? http://www.aquaristik-hilfe.de/faq02.htm

Verwendet man einen mechanischen, leichter zu reinigenden Vorfilter, so wächst der biologische Filter erst nach Monaten zu, wenn überhaupt. Nitrifizierende (autotrophe) Bakterien verstopfen den Filter in der Regel nicht. Denn sie sind auf die laufende Zufuhr von Sauerstoff und Nahrung und die Abfuhr von Nitrat angewiesen.

TIPP: In gewöhnlichen Süßwasseraquarien gilt eine 1–3fache Umwälzung pro Stunde durch eine handelsübliche Filterpumpe als guter Richtwert.

Die ‚guten' Filterbakterien leben in Biofilmen, die kontinuierlich mit sauerstoff- und nährstoffhaltigem Wasser angeströmt werden müssen. Bakterien schlafen nicht.

M&M: Über Nacht kann der Filter ausgeschaltet werden.

Wenn die Fische schlafen, produzieren sie keine Ausscheidungen. Dann braucht man auch keinen Filter, der in der Nacht durch seine Geräusche nur stört.

Diese Ansicht ist nicht nur in Kinderzimmern anzutreffen.

> EXPERTE[37]: „Die mitunter auftauchende Ansicht […], daß man Filter nur zeitweilig einschalten dürfe, ist nicht nur wegen ihres Stumpfsinnes anstößig, sondern darüber hinaus nicht ganz ungefährlich."

Wird der Durchfluss in der Filterbox unterbrochen (z. B. weil die Pumpe ausgefallen ist oder abgestellt wurde), so beginnen die Biofilme (Eiweiße) schon nach wenigen Stunden zu faulen, sobald der Sauerstoff aufgezehrt wird. Die sich bildenden Toxine (Stink- und Giftstoffe) haben nichts mit H_2S zu tun. Sie riechen aber ähnlich faulig (nach Kanalisation).

Ein Anstieg von Nitrit, wie er gelegentlich nach Pumpenausfällen berichtet wird, hat nichts mit anaeroben Bakterien zu tun, die im sterbenden Filter Nitrat unvollständig abbauen, sondern mit dem Fehlen der aeroben Nitrifizierer, die bereits abgestorben sind.

---

[37] Hückstedt, Guido (1963): Aquarientechnik. Kosmos Franckh, Stuttgart, Seite 70.

TIPP: Nach einem längeren Ausfall der Filterpumpe sollten die Filtermedien vor der Wiederinbetriebnahme ausgespült werden (siehe Band 5). Keinesfalls sollten die entstandenen Faulstoffe ins Aquarium gelangen.

Handelt es sich um einen jener kleinen, permanent verstopften Innenfilter, ist es durchaus vorstellbar, dass es keinen Unterschied mehr macht, ob er nun an- oder ausgeschaltet ist.

Filterbakterien sind zu jeder Zeit auf Strömung angewiesen. Strömung bedeutet für sie Sauerstoff, Nahrung und Beseitigung ihrer Stoffwechselprodukte.

2.2.2 Langsamfilter

Der größte Nachteil des „schnellen" Biofilters besteht darin, dass er durch Oxidation Nitrat erzeugt. Auf den ersten Blick mag es daher plausibel erscheinen, mit wirklich langsamer Strömung einen Sauerstoffmangel im Filter zu provozieren. Damit sollen die fakultativ anaeroben Bakterien gezwungen werden, auf Nitratatmung umzustellen, also den Sauerstoff für die Oxidation des Kohlenstoffs den zuvor gebildeten Nitraten zu entziehen, bis von diesen nur noch N_2-Gas übrig bleibt. Allerdings genügt es nicht, nur den Durchfluss im Filter zu drosseln oder den Filter vermulmen zu lassen, um einen Aquarienfilter in einen anaeroben Langsamfilter zu verwandeln.

M&M: „Aquarien mit biologischem Langsamfilter haben einen gewissen Zauber, den andere Becken niemals erreichen."[38]

Hückstedt verstand unter einem biologischen Langsamfilter einen Behälter mit Filtersand, der als Träger für einen Biofilm („Filterhaut") dient, und überstehendem Wasser mit Verunreinigungen.

„Die Voraussetzungen lauten: sehr wenig Fische sehr sorgfältig füttern und sich ja nicht einbilden, daß man sich mit dieser Methode gelegentlichen Wasserwechsel sparen könnte. [...] Worin der besondere Reiz dieser Anlage liegt, ist schwer zu sagen."

[38] Hückstedt, Guido (1963): Aquarientechnik. Kosmos Franckh, Stuttgart, Seite 13.

Krause zitiert den Mythos fast 40 Jahr später. Er macht jedoch einen Filter daraus, in dem organische Verunreinigungen anaerob bis zum Stickstoff N_2 abgebaut werden: „Das Filtervolumen muss so groß sein und der Durchlauf so stark gedrosselt werden [auf ein Hundertstel der Strömungsgeschwindigkeit eines Schnellfilters], dass im Ablauf allerhöchstens 1,0 mg/l Sauerstoff messbar“ ist. [39]

Dabei wird übersehen, dass die denitrifizierenden Bakterien kontinuierlich mit organischen Kohlenstoffverbindungen (als Futter) und Nitrat angeströmt werden müssen, was dem Prinzip des Langsamfilters widerspricht. Dieses Dilemma kann auch nicht mit „Deep Sand Beds“, mikroporösen oder biopolymeren Filtermedien oder anderen Denitrifizierungsfiltern gelöst werden (zu biologischen Nitratfiltern siehe Band 4). Was bleibt, ist der Wunsch, Nitrat anders als mit Wasserwechsel entfernen zu können.

TIPP: Die Umwandlung von Nitrat zu Nitrit und weiter bis N_2 findet nur im Faulschlamm von Kläranlagen oder in Tiefseesedimenten, sowie in speziellen, technisch aufwendigen Nitratfiltern statt, nicht jedoch im Aquarium oder dessen Biofilter.

2.2.3 Hamburger Mattenfilter HMF

Im HMF wälzt ein Luftheber oder eine Kreiselpumpe das Beckenvolumen etwa ein- bis zweimal pro Stunde um. Das sollte einer Strömungsgeschwindigkeit von rechnerisch 5–10 cm/min in einer neuen (unverschlammten) Matte entsprechen – bei gleichzeitig weiten Toleranzen in der aquaristischen Praxis. Denn die realen Geschwindigkeiten in den Filterporen können stark von diesen Werten abweichen.

INFO: Strömungsgeschwindigkeit in der Matte

Pumpleistung [L/h] / 60 [Minuten] * 1000 [cm^3] / Filterquerschnitt [cm^2] in [cm/min]

[39] Krause, Hanns-J. (2004): Handbuch Aquarientechnik. Bede, 4. Auflage, Seite 108.

Durch den großen Querschnitt erreicht man eine langsame Durchströmung (idealerweise wie im Becken). Dadurch setzen sich die Poren nur sehr langsam zu. Selbst der abgelagerte Filterschlamm besitzt eine offene, flockige Textur. Da er nicht dauernd ausgewaschen werden muss, kann der Filterschlamm reifen und als zusätzliches Substrat für Filterbakterien dienen.

> EXPERTE[40]: „Ist die Siedlungsfläche sehr groß und die Strömungsgeschwindigkeit gering (5–20 cm/min), dann kommt das Schlammwachstum nach einigen Wochen bis Monaten zum Stillstand. Bakterienwachstum und Verluste durch Bakterienfresser wie Geißeltierchen, Wimpertierchen, Glockentierchen, Wurzelfüßer und Fadenwürmer halten sich die Waage."

Damit ist der Filter eingefahren und auf mehrere Jahre einsatzbereit. Dies erklärt die langen Standzeiten des HMF. Die Wartung beschränkt sich auf gelegentliches Ausdrücken und Absaugen, um seine Durchlässigkeit zu erhalten. Dank der geringen Strömung ist der HMF relativ unempfindlich bei kurzzeitigem Ausfall der Pumpe, sowie sicher für Garnelen und Jungfische.

Querschnitt

Der Querschnitt richtet sich entweder nach der Fläche der Seitenscheibe, vor der die Matte positioniert werden soll (nur in sehr kleinen Becken), oder berechnet sich aus der geplanten Wasserhöhe, der Pumpenleistung und der geplanten mittleren Durchflussgeschwindigkeit (z. B. 10 cm/min). Dabei ist die Dicke der Filtermatte nachrangig, da der Hauptteil der Filterleistung in den vorderen ein bis zwei Zentimetern der Matte erfolgt. Die Mattendicke ist nur für die Stabilität relevant. Eine Stärke von 5 cm reicht völlig. Dickere Matten erbringen keine merkliche Verbesserung.

Medium

Das geniale Prinzip des HMF beruht auf der Natur der retikulierten (offenporigen) Schaumstoffmatten als mechanisches und biologisches Filtermedium. Die Filterwir-

[40] Kassebeer, Gerd (1995): Ist unser Aquarium eine Kläranlage? Aquaristik ohne Geheimnisse, http://www.deters-ing.de/Gastbeitraege/Klaeranlage.htm (siehe Internet Archive, https://web.archive.org/)

kung wird mit Mulm noch verbessert, da die Filterbakterien auch im Mulm leben. Grobporige Schwämme brauchen etwas länger, filtern letztlich aber genauso gut wie feinporige. Daher braucht es keine weiteren Medien, auch nicht hinter der Matte.

Will man Fische halten, die viel fressen und viel Mist machen (wie z. B. Diskus, Malawi- oder Tanganjika-Cichliden), sollte man eine stärkere Pumpe mit einem gröberporigen Schwamm (10 ppi) kombinieren. Für geringe Belastung (wie z. B. in Garnelenbecken) genügt ein feinporiger Schwamm (30 ppi) mit einer Luftheberpumpe. Für alle anderen stellt der mittelporige Schwamm (20 ppi) mit einer beliebigen Filterpumpe einen guten Kompromiss dar.

Es gibt kaum noch etwas über den HMF zu sagen, was nicht bereits auf *„Aquaristik ohne Geheimnisse“* [41] darüber geschrieben oder von dort abgekupfert wurde.

M&M: Der Hamburger Mattenfilter ist KEIN kommerzielles Produkt.

Der HMF ist ganz einfach selbst zu basteln. Außerdem läuft er praktisch wartungsfrei über Jahre. Damit ist kein Geld zu verdienen! Und genau deshalb gibt es keine Werbung dazu.

Mittlerweile gibt es tatsächlich kommerzielle Anbieter von HMF, auch mit besonderen Bauformen, wie z. B.:

- „Konkav HMF mit Luftheber“ [42] (Gebrauchsmuster 2022 abgelaufen)
- „Mobiler HMF Reaktor“ [43]

Das Prinzip bleibt stets gleich. Auch die Effizienz verbessern diese Modelle nicht. Zusätzliche Vorteile (wie anaerobe Filterung im Inneren oder konkave Bauweise) erweisen sich spätestens im Aquarium als Marketing-Hype.

---

[41] vgl. Hamburger Mattenfilter. Aquaristik ohne Geheimnisse, http://www.deters-ing.de/Filtertechnik/Mattenfilter.htm

[42] Konkav HMF mit Luftheber. Aquakallax (Deutschland), https://www.aquakallax.de/products/konkav-hmf-mit-luftheber

[43] Mobiler HMF Reaktor ProfiLine. Datenblatt, HMFshop, AfM Loest (Deutschland), https://www.hmfshop.de/info/Datenblatt-Mobiler-HMF-Reaktor-ProfiLine.html

3 Temperaturregelung

Die Einstellung der optimalen Temperatur trägt wesentlich zur Gesundheit und zum Wohlbefinden aller Lebewesen bei, insbesondere dann, wenn diese nicht zur Thermoregulation befähigt sind.

Dauerhaft höhere oder tiefere Wassertemperaturen verändern den Stoffwechsel der Wasserorganismen und folglich den Bedarf an Energie (Licht, Nahrung, CO_2 oder O_2). Sie beeinflussen die Anfälligkeit für Krankheiten und Stress, sowie die Entwicklung von Ei und Larve, das Wachstum und die Fortpflanzungsfähigkeit.

In warmem Wasser sinkt die Löslichkeit von Gasen. Temperaturen über 30° C können für Bakterien und Tiere im Aquarium rasch zu Sauerstoffmangel, für Pflanzen zu CO_2-Mangel führen. Ein weiteres Gefahrenpotential der Temperatur im Aquarium besteht in ihrem Einfluss auf Lösungsgleichgewichte wie jenes von Ammonium und Ammoniak (siehe Band 4), noch bevor es für Organismen zu warm wird.

M&M: Tropische Fische mögen es schön warm.

In den Tropen herrscht das ganze Jahr über Sommer mit hohen Temperaturen. Die ideale Wassertemperatur in Gesellschaftsaquarien soll daher
(1) auf mindestens 25° C eingestellt und dann
(2) mittels Thermostat möglichst konstant gehalten werden.

„Die ideale Haltungstemperatur von Diskusfischen liegt bei 28–30° C." [44]

(1) Viele Zierfische in unseren Aquarien werden zu warm gehalten, obwohl sie ganzjährig auch ohne Heizung (also mit Zimmertemperatur) gut auskommen würden. Obwohl Temperaturen bis 30° C für die meisten Süßwasseraquarienfische kurzfristig keine Gefahr darstellen (hier wirkt sich eher der sinkende Sauerstoffgehalt im Wasser negativ aus), sind 25° C das ganze Jahr über als Normaltemperatur für viele, auch tropische Arten bereits zu hoch. Bettas, Diskus, Hochzuchtguppys oder Jungfische bilden da KEINE Ausnahmen!

---

[44] Wissenswertes. Diskuszucht Stendker GmbH & Co. KG (Deutschland), https://stendker.com/hilfe-center/

EXPERTE[45]: „Alle Labyrinthfische werden meist viel zu warm gehalten, weil die Wassertemperatur an der Wasseroberfläche mancher ihrer Heimatgewässer recht hoch sein kann. Tatsächlich sind die Temperaturen aber oft in der wärmsten Periode und dann noch in der oberen Wasserschicht gemessen worden. Alle Guramis und Fadenfische fühlen sich bei 22° C Wassertemperatur sehr wohl und laichen auch dabei – wenn auch weniger häufig."

Schmidt empfiehlt daher für Aquarien in normal beheizten Wohnräumen – falls man das Aquarium beheizen möchte – einen Heizstab mit 1 Watt Heizerleistung pro 3 bis 4 Liter Aquarienwasser als ausreichend.

EXPERTE[46]: Selbst die meisten Salmler kommen mit Temperaturen zwischen 22 und 24° C gut zurecht. Sie müssen auch in schattigen, kühlen Urwaldbächen zurecht kommen.

EXPERTE[47]: „The native waters of discus are lakes and slow rivers in the Amazon. The temperatures of such waters are between 75 and 80° F." [Das entspricht etwa 24–27° C.]

EXPERTE[48]: „I believe that generally recommended temps are actually breeding temps and as such not ideal for general, long term maintenance. If our fishes are constantly in breeding condition, triggered by the warm water, they are constantly suffering a huge amount of stress."

EXPERTE[49]: „A temperature of 28 degrees Celsius (82 degrees Fahrenheit) will induce mating behavior and aggression issues with most tropical fish. [...]

---

45 Schmidt, Jürgen (2008): Guramis und Fadenfische. Ihr Hobby. Bede, 3. Auflage, Seite 27.

46 vgl. Vogt, Dieter, Wermuth, Heinz (1961): Knaurs Aquarien- und Terrarienbuch. Das Haus- und Handbuch der Vivaristik. Droemer, Seite 122f.

47 Bogert, David: Water for Discus. Aquarium Science, https://aquariumscience.org/index.php/17-11-3-water-for-discus/

48 Rautenberg, Rüdiger: Whaddaya mean, too hot? Seriously Fish, http://www.seriouslyfish.com/whaddaya-mean-too-hot

49 Bogert, David: Aquarium Temperatures. Aquarium Science, https://aquariumscience.org/index.php/4-2-aquarium-temperatures/

A temperature of 23 degrees Celsius (74 degrees Fahrenheit) will give much less aggression and better overall color in the majority of the fish."

Niedrigere Wassertemperaturen reduzieren nicht nur die Laichbereitschaft der Fische (relevant für die Haltung von z. B. Zebrabarschen/*Amatitlania nigrofasciata*, Platys, Guppys etc.), sondern auch ihren Metabolismus. Dadurch verhalten sie sich weniger aggressiv (Bettas bereits bei 25° C), vermehren sich weniger stark und leben folglich länger. Außerdem vermehren sich schädliche Bakterien, Algen und Pilze weniger gut in kühlerem Wasser. Auch die meisten Aquarienpflanzen bevorzugen kühleres Wasser unter 24° C. Dann kommen sie auch mit entsprechend weniger Licht zurecht. Nur tropische Pflanzenarten brauchen zumindest 20° C Wassertemperatur. Die Verdunstung ist ebenfalls geringer. Und weniger Heizung spart Kosten.

(2) Auch eine dauerhaft gleichbleibende Temperatur entspricht kaum einem natürlichen Biotop. Nur tropische Riffaquarien sollten bei konstanten 25° C gehalten werden. Von Riffen abgesehen gehören Temperaturschwankungen zu den natürlichen Umgebungsbedingungen von Wasserorganismen. Auch in den Tropen herrschen nicht konstant 25° C das ganze Jahr über. Für manche Fischarten (z. B. Corydoras) deutet kühleres Wasser die Schneeschmelze in den Bergen und somit den Beginn der Regenzeit bzw. der Laichsaison an.

Insbesondere subtropische Arten (sogenannte Kaltwasserfische) sollten nicht das ganze Jahr über bei konstanter Temperatur gehalten werden. Viele von ihnen gedeihen sehr gut, wenn sie den (mitteleuropäischen) Sommer im Garten oder auf dem Balkon verbringen. In unbeheizten Aquarien (aber beheizten Wohnräumen) genügen bereits die Temperaturschwankungen zwischen Tag und Nacht für natürlichere Bedingungen.

TIPP: Geringe Temperaturschwankungen zwischen Tag und Nacht kann man dadurch erzeugen, dass man Heizstab und Beleuchtung über denselben Zeitschalter steuert.

Fische müssen in der Natur auch mit plötzlichen Temperaturänderungen zurecht kommen. Temperaturunterschiede zwischen Oberfläche und Grund eines Gewässers von 5° C und mehr sind nicht ungewöhnlich. Fische können sie problemlos durchschwimmen, ohne Schaden zu nehmen oder irgendeine Reaktion zu zeigen.

M&M: Temperaturänderung bedeutet Stress bis hin zum Tod für die Fische.

Eine Gefahr beim Wasserwechsel ging früher vom verwendeten Brunnenwasser aus, da dieses einen Temperatursturz im Aquarium bewirken konnte, an dem manchmal Fische starben. [50]

„WARNING: Never lower the water temperature more than two to four degrees Fahrenheit [1–2° C] in a four-hour period.“ [51]

Plötzliche Temperaturänderungen über mehr als 1° C/Tag bedeuten Stress, auch dann, wenn sie innerhalb des Toleranzbereichs stattfinden. Deshalb müssen plötzliche Temperaturänderungen vermieden werden, ob beim Einsetzen ins Becken oder beim Wasserwechsel.

„Geben Sie [etwa alle 10 Minuten] ‚schnapsglasweise‘ Wasser aus Ihrem Aquarium in den Transportbeutel, bis Sie die Wassermenge im Beutel verdoppelt haben, um die Fische an die neuen Wasserwerte und die Temperatur zu gewöhnen.“ [52]

EXPERTE[53]: „This idea is simply a myth, one of the many myths passed down by generations of aquarium owners.“

Wenn Fische nach einem Wasserwechsel sterben, wird am ehesten der pH-Wert oder die Temperatur des Frischwassers [oder das Frischwasser als solches, siehe Band 5] als Ursache verdächtigt, während Chlor im Leitungswasser oder ein Ammoniak-Peak, ausgelöst durch die Mischung von saurem Altwasser (mit hohem Ammoniumgehalt) mit alkalischem Frischwasser, allzu

[50] vgl. Klasing, Otto, Hrsg. (1890): Das Buch der Sammlungen: praktische Anleitung zum Anlegen, Ordnen und Erhalten aller Arten von Sammlungen, IX. Das Aquarium. 5. Auflage, Belhagen und Klasing, Bielefeld und Leipzig, Seite 310. https://digital.staatsbibliothek-berlin.de/werkansicht?PPN=PPN74253507X&DMDID=DMDLOG_0003&PHYSID=PHYS_0320

[51] Woods, Robert (2020): Can Fish Die if the Water is too Warm? A Comprehensive Guide. Fishkeeping World, Kajara (England), https://www.fishkeepingworld.com/can-fish-die-if-the-water-is-too-warm/

[52] Das Einsetzen. Das richtige Einsetzen von Aquarienfischen. JBL GmbH & Co. KG (Deutschland), https://www.jbl.de/de/themenwelt-aquarium-fische-einsetzen/section/82

[53] Bogert, David: “Stability” isn’t Important. Aquarium Science, https://aquariumscience.org/index.php/4-8-stability-isnt-important/

leicht übersehen wird. Ähnliches gilt beim Einsetzen neuer Fische. Sie sterben eher am „Old Tank Syndrome“ (am osmotischen Schock) oder am Transport-Stress als an der Temperaturdifferenz. Trotzdem hat jeder Aquarianer seine eigene Prozedur, nach der er neue Fische an ihr neues Zuhause akklimatisiert.

„All this is totally unnecessary. *'Cut, Pour, Plop'* will work just fine.“ [auf deutsch: „Transportbeutel aufschneiden, Fische in ein Fangnetz gießen und ins Becken plumpsen lassen“]

TIPP: Die Temperatur im tropischen Süßwasseraquarium soll nicht – auch nicht kurzfristig – unter 18° C fallen (z. B. nach dem Wasserwechsel), aber auch nicht über 30° C steigen (z. B. an einem sonnigen Platz). Innerhalb dieser Spanne tolerieren Fische Temperaturverschiebungen nach oben möglicherweise besser als nach unten.

Wechselwasser sollte stets temperiert werden. Auf keinen Fall sollte es die Temperatur im Aquarium auf unter 20° C absenken.

M&M: Für den Wasserwechsel verwende nur kaltes Wasser!

Warmes Wasser löst Kupfer aus der Heizschlange des Warmwasseraufbereiters.

Immer wieder wird auf die Gefahr aus Kupferrohren hingewiesen, wonach sie angeblich Kupfer in toxischen Mengen an das vorbeifließende Wasser abgeben (siehe Band 2+3). Insbesondere die Heizelemente im Warmwasserboiler werden als potentielle Kupferquelle im Haushalt verdächtigt. Doch Wasserleitungsrohre sind bereits nach kurzer Zeit mit einer Kalkschicht ausgekleidet, sodass das Wasser praktisch nicht mehr in Kontakt mit der Metalloberfläche kommt. Weiters liegt der pH-Wert von Leitungswasser im basischen Bereich, in dem sich Kupfer nur schlecht löst. Auf keinen Fall löst das durch ein Kupferrohr fließende Wasser Kupfer in toxischen Mengen aus dem Rohr. Denn sonst würden sich die Kupferrohre schon bald ganz aufgelöst haben (was in alter Zeit nicht unüblich war). Wer ganz sichergehen will, wird das in der Leitung stehende Wasser abfließen lassen, bevor er Wasser für sein Aquarium zapft. Oder er führt eine Wasseraufbereitung, wie in Band 3 beschrieben, durch.

Kaltes Wasser aus der Leitung birgt seinerseits die Gefahr, dass bei der plötzlichen Entspannung und Erwärmung im Aquarium die gelösten Gase entmischen (siehe Kapitel 3.3.3) und alle Oberflächen mit feinen Bläschen überziehen. Auch wenn dadurch nicht gleich die Gasblasenkrankheit ausbricht, können die Bläschen die Fische irritieren (siehe Band 8).

TIPP: Steht nur kaltes Wasser zur Verfügung, sollte man kleine, aber häufigere Wasserwechsel vornehmen.[54]

Beim Eintauchen in eiskaltes Salzwasser sterben kleinere Fische augenblicklich am Kälteschock (hypothermischer Schock), eigentlich an der Lähmung des Atemzentrums. Der Salzgehalt verursacht zusätzlich einen tödlichen osmotischen Schock.

3.1 Heizung

Eine Heizung im Aquarium erweist sich dort als unentbehrlich, wo empfindliche tropische Fische gepflegt werden, wo die Temperatur im Aquarienzimmer stark schwankt oder im Winter nicht geheizt wird, sowie in Zuchtbecken für entsprechende Arten. Fische aus den Subtropen benötigen in normal beheizten Wohnräumen keine Aquarienheizung.

Für die Regulierung der Temperatur im Aquarium stehen Heizstäbe mit oder ohne Temperaturregler (Thermostat, Controller), Heizkabel und verschiedene Kühlsysteme zur Verfügung. Als Zubehör erhalten sie in der Regel zuwenig Aufmerksamkeit bei der Einrichtung und Wartung eines Aquariums.

3.1.1 Heizstab

Ein Heizstab ermöglicht uns die ganzjährige Haltung tropischer Fische. Zugleich kann er den Fischen das Leben kosten, wenn er sie aufgrund einer Fehlfunktion verbrüht. Denn in vielen Aquarien ist der Heizstab ebenso überdimensioniert wie die Filterpumpe.

---

[54] vgl. Splett, Uwe J.: Der Wasserwechsel im Aquarium. https://www.afizucht.de/html/wasserwechsel.html#Wasserwechsel-kalt-oder-warm (siehe Internet Archive, https://archive.org/)

M&M: Je stärker der Heizstab, desto schneller wird es warm.

Je höher die Leistung des Heizstabes (je mehr Watt), desto schneller wird es warm. Der Heizstab kann früher wieder abschalten. So hält er länger. Außerdem spart man Energiekosten.

In vielen Produktbeschreibungen findet man Empfehlungen von mindestens ein Watt pro Liter. Das klingt wie eine einfache Formel und daher plausibel. Auf negative Auswirkungen von Überkapazität wird in der Regel nicht hingewiesen. Dazu zählt auch ein überhöhter Preis.

Der Heizstab soll einer Zentralheizung ähneln, nicht einem Tauchsieder. Dabei geht es keinesfalls darum, das Wasser möglichst rasch aufzuheizen, sondern vielmehr möglichst schonend zu erwärmen. Um eine Überhitzung des Wassers im Falle eines Defekts des Thermostats zu verhindern, sollte die Leistung sogar möglichst knapp bemessen werden.

Ein <u>unterdimensionierter Heizstab</u> (zu kleine Wattzahl) kann das Aquarium nicht auf die optimale Temperatur erwärmen. Dadurch spart man zwar Energie, aber an der falschen Stelle.

Ein <u>überdimensionierter Heizstab</u> erwärmt das Aquarium (oder eine Ecke davon) schnell bis zur eingestellten Temperatur und schaltet daher auch bald wieder ab, und nach der Abkühlung wieder ein, immer wieder.

> EXPERTE[55]: „Bei überdimensionierten Heizern muss der Thermostat häufiger schalten, und das bedeutet bei mechanischen Kontakten vorzeitigen Verschleiß. Außerdem könnte bei einem Defekt der Thermostat auf Dauerheizen schalten und in der Folge die Wassertemperatur alle erträglichen Grenzen überschreiten.
>
> Die Heizerleistung soll nur so stark gewählt werden, dass die Wassertemperatur auch bei Dauerheizen etwa 30° C nicht überschreiten kann. Faustformeln, wie etwa 0,5 W pro Liter Aquarienwasser, genügen dieser Forderung nicht, denn nach linearen Formeln berechnet bleiben kleine Aquarien zu kühl und

---

[55] Krause, Hanns-J. (2004): Handbuch Aquarientechnik. Bede, 4. Auflage, Seite 96.

große können überhitzen! Ein doppelt so großes Aquarium verlangt keineswegs die doppelte Heizerleistung, sondern wesentlich weniger."

Stärkere Heizer erwärmen das Wasser entweder stärker (was das Risiko der Überhitzung birgt) oder mehr Wasser (wofür sie eigentlich gebaut sind). Doch das macht sie deshalb nicht effizienter oder sparsamer als ihre kleineren Varianten.

TIPP: Ein Heizstab ist dann richtig dimensioniert, wenn er das gegebene Wasservolumen um 5 bis 10° C über die umgebende Raumtemperatur erwärmen kann. Dann besteht auch im Notfall noch eine Chance, dass man einen steckengebliebenen Thermostat noch rechtzeitig bemerkt.

Beckenvolumen und Raumtemperatur entscheiden mit über den Heizstab.

(1) Beckenvolumen

Bei der Wahl des Heizstabes kann man sich am Beckenvolumen orientieren. Dabei wird eine Raumtemperatur von mindestens 20° C vorausgesetzt, sodass der Regelheizer eine Temperaturdifferenz (Delta Δ) von maximal 5° C zu überbrücken hat (für eine gewünschte Wassertemperatur von 25° C).

Nach Tabelle 1 kann man größere Volumina mit relativ kleinerer Leistung (Watt/Liter) warm halten, da größere Volumina weniger Wärme abstrahlen.

(2) Raumtemperatur

EXPERTE[56]: „Die Formel 1 Watt/Liter stammt aus grauer Vorzeit, die Leistung der Heizung sollte sich heute in erster Linie an der Umgebungstemperatur des Beckens orientieren. Je größer die Differenz, desto stärker sollte die Leistung ausfallen."

BEISPIEL: Bei einer Zimmertemperatur von 20° C bedarf es folgender Heizerleistungen, um die jeweiligen Volumina auf 25, 30 und 35° C zu halten (siehe Tabelle 1):

---

[56] Wolter, Andreas (1997): Süßwasseraquariumtipps - nicht nur für Einsteiger. Tonis Seite, http://www.anton-gabriel.at/suesstip.htm

Tabelle 1: Zusammenhang zwischen Beckenvolumen, Wassertemperatur und Leistung des Heizstabes

Beckenvolumen, Maße	angestrebte Wassertemperatur	erforderliche Heizerleistung[57]	Watt/ Liter	empfohlener Heizstab[58]
40 Liter (60x30x30)	25° C	17 W	0,4	**25 W**
	30° C	33 W	0,8	2x 25 W
	35° C	50 W	1,2	
100 Liter (80x35x40)	25° C (Δ 5° C)	31 W	0,3	**50 W**
	30° C (Δ 10° C)	61 W	0,6	2x 50 W
	35° C (Δ 15° C)	92 W	0,9	
250 Liter (100x50x50)	25° C	57 W	0,2	**75 W**
	30° C	113 W	0,4	2x 75 W
	35° C	170 W	0,7	

Für die beliebten Beckenformate genügen Heizstäbe mit deutlich geringerer Leistung, als von vielen Marken empfohlen wird. Nach der „1 Watt/Liter“-Formel könnte man jedes Aquarium überhitzen (auf zumindest 35° C). Für die angestrebte Temperatur (25° C) genügt bereits ein Heizer mit der halben Leistung oder weniger. Muss man um 10° C oder mehr aufheizen (auf 30° C oder bei kühler Raumtemperatur), ist man mit zwei schwächeren Heizern auf der sicheren Seite (sofern nicht beide Heizer gleichzeitig defekt werden).

Nur für sehr kleine (Zucht-)Aquarien (z. B. 25 Liter) ist 1 Watt pro Liter angemessen. Ab 400 Liter genügen hingegen 0,5 Watt/Liter (z. B. zweimal 100 Watt).

Wer nur kleine Temperaturunterschiede zwischen Raumtemperatur und idealer Wassertemperatur ausgleichen muss, braucht weniger Leistung als in ungeheizten Räumen. Umgekehrt ist zu berücksichtigen, dass offene Becken mehr Wärme über die Verdunstung abgeben als Becken mit Abdeckung.

---

[57] vgl. Krause, Hanns-J. (2004): Handbuch Aquarientechnik. Bede, 4. Auflage, Seite 97.

[58] Kochsiek, Wolfgang (2001): Praxishandbuch Lebendgebärende - Pflege, Zucht und Arten. Dähne, Seite 20.

TIPP: Besser als ein starker Heizstab sind zwei schwächere. Im Fall eines Defekts heizt der defekte Heizstab das Wasser weniger stark und langsamer auf, sodass man mehr Zeit bekommt, den Schaden zu bemerken. Ein Thermometer ist dafür unerlässlich.

Um Energie zu sparen, wird die Regelung automatisiert und Abwärme nicht nur von LED-Leuchten für die Heizung zurückgewonnen.

3.1.2 Thermostat und Temperatur-Controller

Reglerheizer sind Heizstäbe, die mit Thermostaten geregelt werden. Bimetall-Thermostate schalten weniger sensibel, aber genau genug und sind günstiger. Elektronische Thermostate arbeiten wesentlich präziser, was aber keinen Vorteil bietet, da es im Aquarium nicht auf 0,5 oder gar 0,25° C ankommt. Sie sind natürlich teurer.

ACHTUNG: Nicht jeder Heizstab ist auch ein Reglerheizer, dessen Temperatur reguliert werden kann!

Wer kein Vertrauen in seinen Heizstab hat (aber wertvolle Fische), verwendet zwei Heizer mit jeweils halber Leistung oder sichert den Heizer mit einem Temperatur-Controller ab.

(1) Der Reserveheizstab soll um 3 bis 4° C niedriger als die Idealtemperatur eingestellt werden, damit er erst dann einschaltet, wenn der erste Heizstab ausfällt. Dadurch verhindert man ein häufiges Ein- und Ausschalten beider Heizstäbe.

(2) Das Marketing propagiert die doppelte Heizleistung von dem, was im Wohnzimmeraquarium physikalisch notwendig und sicherheitstechnisch sinnvoll ist. Aus Sicherheitsgründen wird daher zusätzlich ein Temperatur-Controller empfohlen. Diese Geräte regeln nicht die Temperatur oder den Stromverbrauch, sondern bieten einen externen Schutz vor Überhitzung.

M&M: Warum Sie einen Temperatur-Controller brauchen.

Weil der Thermostat Ihres überdimensionierten Heizstabes steckenbleiben könnte, sodass der Heizstab nicht mehr abschaltet und infolge seiner Überkapazität das Wasser in für Fische und Pflanzen tödliche Bereiche aufheizt. [59]

Ein Temperatur-Controller macht also genau das, was ein funktionierender Heizstab mit Temperaturregler auch macht: Wenn die eingestellte Temperatur erreicht wird, schaltet er den Heizstab aus – auch dann, wenn der Thermostat des Heizstabes versagt. Natürlich kann man den Heizstab bzw. die Temperatur auch mit dem Controller steuern. Dann schaltet der Thermostat im Heizstab den Heizstab erst ab, wenn der Controller versagt und die Temperatur den maximal erlaubten Wert erreicht. Denn auch Controller können ausfallen. Eine Schwachstelle bildet insbesondere ihr Temperaturfühler. Idealerweise sollten Reglerheizer und Temperatur-Controller laufend mit einem guten Thermometer überwacht werden.

TIPP: Heizstab und Controller sollten nicht auf dieselbe Temperatur eingestellt werden, da man sonst im Falle eines Defekts nicht am Thermometer erkennen kann, dass eines der Geräte defekt ist. Der am Controller eingestellte Maximalwert sollte 3 bis 4° C über der Idealtemperatur eingestellt werden.

Der Controller findet dort seine Bestimmung, wo sich der Heizstab nicht im Aquarium befindet, sondern in einem Außenfilter. In diesem Fall misst der Controller die Temperatur im Becken und steuert daraufhin den Heizstab im Filter, bis die Wassertemperatur im Becken dem gewünschten Wert entspricht.

3.1.3 Heizen mit der Leuchte

Eine Wasserkühlung für die LED-Leuchte soll primär die LEDs kühlen. Bei aktiv gekühlten LEDs erhöht sich deren Lichtausbeute und Lebensdauer. Dazu wird Aquarienwasser in einem Schlauch oder Rohr über den Kühlkörper der LED-Leuchte gelei-

---

[59] vgl. Sterling, Ian (2024): No Cooked Fish! The Best Aquarium Heater Controllers. FishLab (Australien), https://fishlab.com/aquarium-heater-controller/

tet. Das Wasser erwärmt sich mit der Abwärme der LEDs und transportiert die Abwärme ins Aquarium zurück, wo sie die Aquariumheizung unterstützt.

> EXPERTE[60]: „Die Abwärme der LEDs liefert dem Aquariumwasser eine Grundwärme, und das durchfließende Wasser kühlt zeitgleich die LEDs. Somit reduziert die Wasserkühlung die Stromaufnahme Ihres Regelheizers, da dieser das Wasser weniger oft erwärmen muss."

Elektrogeräte im Aquarium geben Wärme auch direkt ins Aquarium ab. Bis zu 2° C können in einem abgedeckten Aquarium von Pumpen und Lampen stammen. Auch direktes Sonnenlicht kann eine unterschätzte Wärmequelle bilden.

3.1.4 Heizen und Entsalzen

Auf der *aqua EXPO* in Hamm im April 2025 fand die Produkteinführung des *„DTOXR"* statt. Der Name bezieht sich auf seine Funktion als Entsalzer (‚Detoxer'), obwohl er eigentlich die Aquarienheizung und den Wasserwechsel überflüssig machen soll.

M&M: „Endlich da: Der automatische Wasserwechsler"

„Ziel war es, ein völlig wartungsfreies vollautomatisches Wasserwechselsystem für Aquarien zu schaffen..." [61] Herausgekommen ist ein Wasserkocher zur Destillation von Aquarienwasser, der zugleich entsalzt und heizt.

(1) „Superschnelle Entgiftung"
Aquarienwasser wird im Kocher verdampft. Die nicht flüchtigen Stoffe bleiben im Kocher zurück, während der reine Wasserdampf (samt CO_2) in das Aquarium zurückgeleitet wird.

(2) „Ersetzt alle Heizstäbe"
Der 400-Watt *DTOXR* kann mit dem Wasserdampf Aquarien bis über 1.000 Liter

---

[60] Stenzel, Tim (2017): Energieoptimierung durch Wasserkühlung. LTE - Aquarienkontor (Deutschland), https://www.aquarienkontor.de/de/blog/2017/01/20/stormsparende-led-beleuchtung-mit-wasserkuehlung/

[61] Homepage. Aquatis GbR (Deutschland), https://dtoxr.de/

heizen. Das macht den Heizstab obsolet, was Stromkosten bis zu 450 Euro (in offenen Becken bis 1.200 Euro) pro Jahr sparen soll. Zugleich wird laufend warmes Reinstwasser zugeführt. Über einen Temperatur-Controller wird solange destilliert, bis die Zieltemperatur erreicht ist.

(3) „Nie wieder Wasserwechsel"

Der *DTOXR* (400-Watt-Modell) verspricht, täglich bis zu 12 Liter schmutziges Aquarienwasser destillieren zu können. Das macht den manuellen Wasserwechsel obsolet. Die Reinigungsleistung hängt jedoch vom Heizbedarf ab. In einem 100-Liter-Aquarium könnten es auch nur 25 Liter pro Woche sein.

(4) „Gratis dazu: eine CO_2-Anlage"

Durch Zugabe von Backsoda (Backnatron) in den Wasserkocher wird zusätzlich CO_2 freigesetzt.

(1) Wir wissen bereits aus Band 3 (und aus der Angstwerbung), dass die Anbieter von Wasseraufbereitern Leitungswasser geradezu für gefährlich giftig halten. Doch neben den natürlichen Inhaltsstoffen tragen selbst potentielle Schadstoffe wie Huminsäuren in geringen Mengen zum Wohlbefinden des Aquariums bei (zu Detox und anderen Wellness-Mythen siehe Band 2).

(2) Die Energieeinsparung beruht auf der Annahme, (a) Wechselwasser komme kalt (mit 12° C) aus der Leitung ins Becken und müsse dort vom Heizstab auf 27° C erwärmt werden; (b) das destillierte Wasser müsse nicht mehr erwärmt werden, sondern führe sogar Abwärme zu.

BEISPIEL: Um 1 Liter (m) Leitungswasser mit dem Heizstab einmalig von 12 auf 27° C ($\Delta T=15$) zu erwärmen, bedarf es einer Energiemenge (Q) von 17,4 Wattstunden (Formel[62] laut INFO-Box).

INFO: Berechnung der benötigten Energiemenge zur einmaligen Erwärmung von Wasser

$$Q=m*\Delta T*c$$

Q = Energiemenge in Wh

m = Masse des Wassers in kg (1 Liter = 1 kg)

ΔT = Temperaturdifferenz in °C

c = 1,16 Wh/kg·°C (spezifische Wärmekapazität von Wasser: Um die Temperatur von 1 Liter Wasser um 1° C zu erhöhen, muss eine Energie von ca. 1,16 Wh (=4.186 Ws oder 4.186 Joule) zugeführt werden.)

[62] Wikipedia, https://de.wikipedia.org/wiki/Spezifische_Wärmekapazität

BEISPIEL: Für die Destillation (Erwärmung UND Verdampfung) von 1 Liter Wasser werden etwa 700–1.000 Wh benötigt.

BEISPIEL: Für einen wöchentlichen 33prozentigen Wasserwechsel in einem 100-Liter-Becken benötigt man 1.716 Liter Wasser pro Jahr. Während ein Heizstab rund 30 kWh für deren Erwärmung verbraucht, benötigt man 1,7 Megawattstunden für deren Destillation. Das entspricht einem etwa 50mal höheren Energieverbrauch.

(3) Wasserwechsel ausschließlich mit destilliertem Wasser wäre nicht nur extrem energieintensiv und teuer, sondern würde zudem ein nährstoffarmes, saures und insgesamt eher lebensfeindliches Milieu ähnlich wie Schwarzwasser entstehen lassen (zur Osmoregulation siehe Band 3). Destilliertes Wasser bringt keine Vorteile gegenüber deutlich billigeren Verfahren der Wasserreinigung, nur deutlich höhere laufende Kosten, selbst wenn man damit den Heizstab einsparen könnte. Daher war destilliertes Wasser bisher kein Thema in der Aquaristik.

Erreicht das Wasser die voreingestellte Temperatur (die in der Regel unter 27° C liegen sollte), schaltet der Kocher ab. Das tatsächliche Volumen des destillierten Wassers und die Reinigungsleistung hängen somit vom Heizbedarf ab. Dieser bestimmt allein den tatsächlichen Umfang dieses ‚Wasserwechsels'. Gut möglich, dass die maximale Tagesleistung von 12 Liter nur im 1000-Liter-Becken erzielt wird.

(4) Beim Erhitzen geht auch freies CO_2 in die Dampfphase über. Sodann beginnt Kohlensäure sich in einer Rückreaktion zu CO_2+H_2O aufzulösen. Mit steigendem pH-Wert (bis >8,3) zerfällt die Karbonathärte zu CO_2 und CO_3^{2-} (zum Enthärten durch Abkochen siehe Band 3). Zusätzlich wird für den *„DTOXR"* Backsoda empfohlen, dessen Hydrogencarbonat-Anionen sich über 50° C ebenfalls zu CO_2 und CO_3^{2-} zersetzen (und ohne Kalkfällung den pH-Wert im Kochtopf bis über 11 ansteigen lassen). CO_2 bildet im Kondenswasser wieder Kohlensäure und senkt dort den pH-Wert bis auf 6.

TIPP: Destilliertes Wasser ist für den Wasserwechsel unnötig, ineffizient und sogar ungeeignet. Für die Heizung stehen einfachere und günstigere Geräte zur Verfügung. Eine gleichmäßige CO_2-Versorgung des Beckens kann mit Backsoda nicht gewährleistet werden.

Ob der *„DTOXR“* „eine (kleine?) Revolution in der Aquaristik!“ (laut Werbetext) auslösen wird, wird sich zeigen. Ein erster Erfahrungsbericht eines Anwenders des *„DTOXR“* ist bereits im *„Aquarium Forum“* [63] verfügbar und deutet nicht darauf hin.

3.1.5 Bodenheizung

Heizkabel und Heizmatten mögen eine gute Investition gewesen sein, als Wohnungen noch nicht mit Zentralheizungen ausgestattet waren. Heute wird in beheizten Räumen die Temperaturdifferenz zwischen Wasser und Boden nie so groß, dass eine eigene Bodenheizung im Aquarium notwendig würde.

M&M: Pflanzen mögen keine „kalten Füße“!

„*Paffrath* prägte den Begriff von den ‚warmen Füßen‘ [für die Pflanzen].“ [64]

„Bis zu 2° C Differenz zum Wasser [mit 25° C] ist noch nicht kritisch. Ist die Bodenwärme jedoch auf etwa 21° C abgesunken, wird der Pflanzenwuchs erheblich gehemmt, oft fast zum Stillstand gebracht oder gar unmöglich.“ [65]

Heute noch werden den Aquarianern Bodenheizungen verkauft:

Beispiel: ***„JBL Protemp b III“***

„Durch die schwach warm werdende Bodenheizung [...] entsteht eine thermische Strömung, die die Mineralien und Spurenelemente direkt an die Pflanzenwurzeln spült.“ [66]

Bodenheizkabel dienen demnach nicht mehr der Erwärmung des Bodens, sondern der Erzeugung einer Wasserzirkulation innerhalb des Bodens, um die Pflanzenwurzeln besser mit Nährstoffen zu versorgen.

---

[63] Thema: DTOXR getestet (13.05.2025). Aquarium Forum, Forumhelden GmbH (Deutschland), https://www.aquariumforum.de/t/dtoxr-getestet.1596626/

[64] Horst, Kaspar (1986): Pflanzen im Aquarium. Ulmer, Stuttgart, Seite 85.

[65] Paffrath, Kurt (1979): Bestimmung und Pflege von Aquarienpflanzen. Landbuch-Verlag, Hannover, 2. Auflage, Seite 136.

[66] JBL Protemp b III. Bodenheizung für Süßwasser-Aquarien. Produktinformation, JBL GmbH & Co. KG (Deutschland), https://www.jbl.de/?mod=productpdf&id=9317

Pflanzen brauchen keine warmen Füße. In der Regel ist Grund- bzw. Sickerwasser immer kühler als das Oberflächenwasser.

Die Bodentemperatur liegt üblicherweise zwischen der Wasser- und der Zimmertemperatur. Ein Boden, der deutlich kälter ist als das darüber stehende Wasser, ist in normal beheizten Wohnungen nicht wahrscheinlich.

Eine Bodenheizung erzeugt einen ständigen Wasserstrom, der auch Sauerstoff in den Boden transportiert, wodurch Nährstoffe oxidiert werden, bevor sie von den Pflanzen aufgenommen werden können. Ihre Heizleistung ist kaum zu dosieren.

> EXPERTE[67]: „Von allen Methoden zur mechanischen Durchströmung des Bodengrundes muß ich grundsätzlich abraten. Dabei ist es gleichgültig, ob der Wasserstrom rasch oder langsam von unten nach oben gedrückt, oder von oben nach unten gesaugt wird. Den Pflanzen entstehen erhebliche Nachteile!"

Heizschlangen im Bodensubstrat sind wieder aus der Mode gekommen, obwohl sie noch gelegentlich als Aquarien-Gimmick angeboten werden.

---

[67] Paffrath, Kurt (1979): Bestimmung und Pflege von Aquarienpflanzen. Landbuch-Verlag, Hannover, 2. Auflage, Seite 136.

3.2 Kühlung

Obwohl tropische Nächte auch in unseren Breiten immer öfter auftreten, werden 25° C selten überschritten. Auch tagsüber übersteigt die Raumtemperatur selten 30° C (wenn man entsprechend lüftet und beschattet). Damit kommen Süßwasseraquarien auch ohne Lüfter oder Durchlaufkühler gut durch den Sommer. Anders verhält es sich mit Riffaquarien.

> EXPERTE[68]: „Die Temperatur darf für die erfolgreiche Pflege von Korallen nicht über 29° C steigen, nicht einmal kurzzeitig." Sonst droht die Korallenbleiche.

Aus diesem Grunde kommen Kühlgeräte typischerweise in der Meerwasseraquaristik zum Einsatz.

TIPP: „Von der Methode der eisgefüllten PET-Flaschen im Filterbecken würde ich eher abraten. Es ist nur eine kurzfristige Lösung und das Wasser könnte auch zu schnell abkühlen. Schnelle Änderungen sollten Sie im Meerwasseraquarium aber grundsätzlich vermeiden (!)" [69]

Bei drohender Überhitzung (jenseits von 30° C) gilt als Erstehilfe-Maßnahme, die Beckenabdeckung zu entfernen, um die Verdunstung zu intensivieren. Verdunstungskälte kühlt das Wasser besonders effizient. Weitere Maßnahmen zur Kühlung eines überhitzten Aquariums:

1. Beleuchtung abschalten (z. B. über Mittag, wenn es am heißesten ist) UND
2. starke Oberflächenbewegung durch den nach oben gerichteten Filterauslauf, um für Sauerstoffeintrag zu sorgen, wenn die Pflanzen nicht photosynthetisieren.

---

[68] Wikipedia, https://de.wikipedia.org/wiki/Meerwasseraquaristik

[69] Sandor, Julia (2023): Temperaturkontrolle im Sommer. Korallenriff Center GmbH (Österreich), https://meerwasser-experte.at/temperatur-meerwasser-aquarium-sommer/

Wenn das nicht reicht, können Ventillatoren über dem Wasser die Verdunstung verstärken und die Temperatur um ein paar Grad absenken.

Sommerliche Temperaturen (>30° C Wassertemperatur) können eine Sauerstoffkrise auslösen, für Kaltwasserfische eher als für tropische Fische. Somit stellt nicht primär die Temperatur, sondern der mit der Temperatur korrelierende Sauerstoffgehalt den limitierenden Faktor für die Fischhaltung dar (siehe Kapitel 3.3.1).

INFO: Klimaerwärmung und das 1,5-Grad-Ziel

Wassertemperaturen über 29° C führen in den Meeren unter anderem zur Korallenbleiche und bei länger anhaltender Hitzeperiode zum Absterben der Riffe. „Bereits bei einer [globalen] Erwärmung um 1,5 Grad erwartet der Weltbiodiversitätsrat IPBES, dass 70 bis 90 % der Korallen verlorengehen, bei zwei Grad wären es 99 Prozent.“ [70]

Steigende Temperaturen in den Weltmeeren bedrohen deren Biodiversität derzeit mehr als die Zunahme an CO_2 bzw. der sinkende pH-Wert. Da Wasser mit steigender Temperatur weniger CO_2 lösen kann, bremst die Klimaerwärmung die pH-Absenkung („Versauerung“) der Meere sogar. Zugleich reichert sich das anthropogene CO_2 umso stärker in der Atmosphäre an und trägt als Treibhausgas zur weiteren globalen Erwärmung bei. Wärmeres Wasser löst auch weniger Sauerstoff, ein weiterer Stressfaktor, weil Körperfunktionen nicht mehr so effizient ablaufen, mit Auswirkungen auf die gesamte Nahrungskette.

„Erstmals übertraf für eine 12-Monats-Periode, gemessen vom Februar 2023 bis Januar 2024, die globale Durchschnittstemperatur den vorindustriellen Mittelwert um mehr als 1,5° C.“ [71]

Im Original: „The global mean temperature for the past twelve months (Feb 2023 – Jan 2024) is the highest on record, at 0.64° C above the 1991-2020 average and 1.52° C above the 1850-1900 pre-industrial average.“ [72]

Der Vollständigkeit halber soll noch erwähnt werden, dass auch verschiedene Test- und Messmethoden wie der pH-KH-Test, die Leitfähigkeitsmessung oder der Ammoniak-Nachweis temperaturabhängig sind.

---

[70] Wikipedia, https://de.wikipedia.org/wiki/Korallenbleiche

[71] Wikipedia, https://de.wikipedia.org/wiki/1,5-Grad-Ziel

[72] Surface air temperature for January 2024. Copernicus, European Centre for Medium-Range Weather Forecasts (ECMWF) (EU), https://climate.copernicus.eu/surface-air-temperature-january-2024

3.3 Löslichkeit von Gasen

INFO: Gase in der Luft und im Wasser

Volumenanteile der häufigsten Gase in der Luft (bei 1 atm Luftdruck) und Löslichkeit der Gase in Wasser (bei 23° C)

	Vol% in Luft	mg/l in Wasser
N_2	78,09	13,1
O_2	20,95	8,6
CO_2	0,04	0,5

INFO: *Henry*-Gesetz

$$c = p*k$$

c=Löslichkeit des Gases in der Flüssigkeit

p=Partialdruck des Gases über der Flüssigkeit

k=Absorptionskoeffizient des Gases im Stoffsystem (temperaturspezifisch)

Jedes Gas hat seine spezifische Löslichkeit in Wasser. So löst sich CO_2 deutlich besser als Sauerstoff oder Stickstoff (siehe INFO-Box[73]).

Die Löslichkeit wird mit der Formel des *Henry*-Gesetzes[74] beschrieben (siehe INFO-Box). Darin wird die Löslichkeit c als jene Konzentration definiert, die im Diffusionsgleichgewicht mit der Luft in der Lösung herrscht. Sie wird vom Partialdruck p sowie vom jeweiligen Stoffsystem und seiner Temperatur (ausgedrückt durch den Absorptionskoeffizient k) beeinflusst. Die Partialdrücke der beteiligten Gase addieren sich zum Gesamtgasdruck (bzw. Umgebungsdruck wie z. B. Luftdruck), ihre Löslichkeiten zur Gesamtgaskonzentration in der Lösung.

Die Temperatur beeinflusst die Löslichkeit von Gasen, indem sie die Diffusion antreibt. In wärmerem Wasser bewegen sich gelöste Gasmoleküle schneller und verlassen daher auch häufiger die Lösung (sie verdampfen). Umgekehrt bewirkt der Druck in der Gasphase, dass Gasmoleküle ins Wasser diffundieren (gelöst werden).

Ohne äußere Einflüsse stellt sich ein Diffusionsgleichgewicht zwischen jeder Gaskonzentration im Wasser und ihrem Partialdruck in der Luft ein. Die Gleichgewichtskonzentration wird als ‚Löslichkeit' oder fälschlich als „100 Prozent-Sättigung" bezeichnet. Über- oder Untersättigung wird dadurch möglich, dass gelöste Gase aufgrund der Viskosität von Wasser nur relativ langsam durch den Wasserkörper dif-

[73] vgl. Krause, Hanns-J. (2004): Handbuch Aquarientechnik. Bede, 4. Auflage, Seite 154.

[74] Wikipedia, https://de.wikipedia.org/wiki/Henry-Gesetz

fundieren können. Jede Form der Wasserbewegung beschleunigt die Verteilung im Wasser und fördert zugleich den Gasaustausch an Grenzflächen.

Partialdrücke sowie der Luftdruck als Gesamtdruck können über dem Aquarium als konstant betrachtet werden. Der Salzgehalt des Wassers, der die Löslichkeit von Gasen reduziert, ist im Süßwasser nicht relevant. Aber die Wassertemperatur kann im Aquarium zwischen 20 und 30° C variieren. Für jede Temperatur gilt eine andere Löslichkeit (Gleichgewichtskonzentration) der Gase. Hier stellt sich die Frage, welche Löslichkeit als ‚Referenzwert' für die 100 % Sättigung dienen soll.

3.3.1 Sauerstoffsättigung

Die Sauerstoffkonzentration im Aquarium (und in anderen biologisch aktiven Gewässern) wird nicht nur von der Temperatur beeinflusst, sondern auch von biologischen Prozessen wie Photosynthese und Atmung, quasi von Angebot und Nachfrage der Organismen. Diese Prozesse verändern den Sauerstoffgehalt effektiver als Diffusionsprozesse. In biologisch aktiven Gewässern stellt eine Abweichung vom Diffusionsgleichgewicht die Regel dar. Sie wird als Sättigungswert angegeben.

M&M: 100 % Sauerstoffsättigung ist erreicht, wenn kein zusätzlicher Sauerstoff mehr gelöst werden kann.

In der Wasseranalytik wird – in Anlehnung an die Medizin – traditionell von Sauerstoffsättigung gesprochen, obwohl hier ein standardisierter Referenzwert wie in der Medizin (die Sauerstoffsättigung in Hämoglobin) fehlt.

100 % Sauerstoffsättigung wird immer wieder mit der maximalen Aufnahmefähigkeit von Sauerstoff in Wasser fehlinterpretiert.

„100 % Sauerstoffsättigung" bezieht sich NUR auf die Sauerstofflöslichkeit im Austauschgleichgewicht mit der Luft. Dieses ist jedoch temperaturabhängig. Mit steigender Temperatur nimmt die O_2-Löslichkeit im Wasser ab (siehe Abbildung 1).

EXPERTE[75]: Schon *Krause* hat darauf hingewiesen, dass das physikalische Austauschgleichgewicht zwischen Sauerstoff in der Luft und gelöstem Sauerstoff im Wasser fälschlich als 100 % Sauerstoffsättigung bezeichnet wird. Sättigung wäre genau genommen erst dann erreicht, wenn kein weiterer Sauerstoff mehr gelöst werden kann.

Anders als Hämoglobin kann Wasser, zumindest vorübergehend, viel mehr Sauerstoff lösen, als es der „100 % Sättigung“ entspricht.

BEISPIEL: Durch plötzlichen Temperaturanstieg von 20 auf 30° C wird aus der „100 % Sättigung“ bei 9,1 mg/l O_2 eine thermische Übersättigung von 121 % (siehe Abbildung 1). In der Folge entgast O_2 auf 7,5 mg/l, die neue 100%-Sättigung.

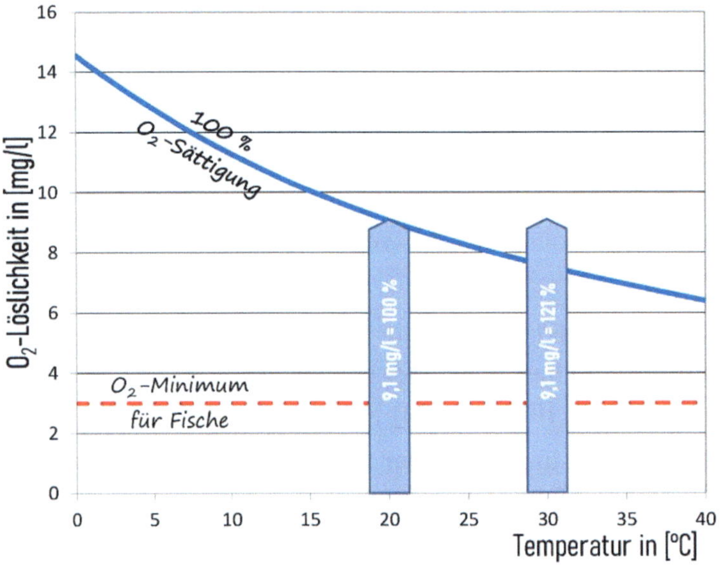

T °C	100 % O_2-Sättigung[76]
0	14,6 mg/l
5	12,7 mg/l
10	11,3 mg/l
15	10,1 mg/l
20	9,1 mg/l
25	8,2 mg/l
30	7,5 mg/l
35	6,9 mg/l
40	6,4 mg/l

Abbildung 1: Sauerstofflöslichkeit in reinem Wasser (bei 1013,25 hPa/mbar) von 0–40° C

[75] vgl. Krause, Hanns-J. (2007): Handbuch Aquarienwasser. Bede, 6. Auflage, Seite 107.

[76] vgl. Sauerstoffgehalt von reinem Wasser. 2021, Internetchemie.Info (Deutschland), https://www.internetchemie.info/chemie-lexikon/daten/s/sauerstoffgehalt-wasser.php

TIPP: Statt von prozentueller Sättigung in bezug auf einen nicht definierten Grenzwert zu sprechen, sollten wir in der Aquaristik die Sauerstoffkonzentration in mg/l angeben. Nur das zählt für die Fische, wenn der Sauerstoff knapp wird (siehe rote Linie in Abbildung 1).

Unabhängig von der Sauerstoffsättigung treten immer wieder Gasbläschen im Aquarium auf.

M&M: Sauerstoffblasen wie Perlenschnüre zeigen O_2-Sättigung des Wassers an.

„Werden Pflanzen über längere Zeit intensiv beleuchtet, kann man manchmal beobachten, dass aus ihren Blättern feine O_2-Blasen wie Perlenschnüre aufsteigen. Scheinbar wird der Sauerstoff nicht mehr vom Wasser aufgenommen, und die Perlenschnüre gelten häufig als Beweis für die ‚Sättigung' des Wassers." [77]

> EXPERTE[78]: „Ein weitverbreiteter Trugschluss! Hier ist vielmehr die normale O_2-Abgabe der Pflanzen gestört. Der ausperlende Sauerstoff ist keineswegs lösungsunfähig, sondern er dringt aus Defektstellen im Gasleitungssystem grobblasig hervor. Normalerweise diffundiert er über die gesamte Blattspreite fein verteilt und daher unsichtbar in das Wasser. Die Perlenschnüre sind also kein ‚Sättigungseffekt'; sie können [z. B. an Bruchstellen] bei jedem beliebigen O_2-Gehalt im Wasser auftreten."

TIPP: Idealerweise sollte die Sauerstoffkonzentration morgens 5 mg/l nicht unterschreiten. Weniger gilt als Zeichen für Sauerstoffmangel in der Nacht. Abends sollte sie 8–10 mg/l erreichen als Ausdruck für funktionierende Photosynthese.
Dazwischen schwankt die Sauerstoffkonzentration durch Photosynthese, Respiration (Atmung von Pflanzen und Tieren) und Oxidation über den Tagesverlauf.

---

[77] Krause, Hanns-J. (2007): Handbuch Aquarienwasser. Bede, 6. Auflage, Seite 107.

[78] Krause, Hanns-J. (2007): Handbuch Aquarienwasser. Bede, 6. Auflage, Seite 107.

3.3.2 CO_2-Übersättigung

Als hightech gelten alle Aquarien, die mit einer CO_2-Anlage ausgestattet sind. Erforderlich wird dieses Zubehör erst durch starke Beleuchtung. Denn der CO_2-Bedarf steigt mit der Lichtintensität, die das Pflanzenwachstum entsprechend anregt (siehe Tabelle 2).

Tabelle 2: CO_2-Bedarf nach Lichtintensität im Aquarium

CO_2-Pegel	CO_2	LED	klassisch	Verwendung
gering	3–5 mg/l	10–20 lm/l	0,25 W/l	für Schattenpflanzen oder fish-only
mittel	5–10 mg/l	20–40 lm/l	0,5 W/l	für Standard-Beleuchtung (lowtech)
hoch	10–30 mg/l	>40 lm/l	1 W/l	für Starklichtbecken (hightech)

CO_2 aus dem Austauschgleichgewicht mit der Luft liefert keinen signifikanten Beitrag zur CO_2-Versorgung der Wasserpflanzen. Aufgrund seines geringen Partialdrucks liegt seine Löslichkeit in reinem Wasser bei nur ca. 0,5–1 mg/l. Das Diffusionsgleichgewicht stellt sich jedoch nur unter Laborbedingungen ein. In der Praxis ist zehnmal mehr CO_2 im Wasser gelöst (auch ohne Düngung).

Anders als O_2 und N_2 löst sich CO_2 sehr gut in Wasser weit über sein Diffusionsgleichgewicht hinaus. CO_2 aus natürlichen Prozessen (wie der Atmung) kann sich bis 5–10 mg/l anreichern. Pflanzen sind auf das überschüssige CO_2 angewiesen, da das CO_2 aus der Luft aufgrund des geringen Partialdrucks, aber auch der langsamen Diffusion nicht in für die Photosynthese ausreichender Menge nachströmen würde.

Anspruchsvollere oder stark wachsende Pflanzen (sogenannte Starklichtpflanzen) brauchen eine CO_2-Übersättigung von ca. 20 mg/l (je nach Licht auch mehr). Eine so starke Übersättigung kann im Aquarium mit der Einleitung von reinem CO_2-Gas erzielt werden. Mit einer Düngungsanlage kann CO_2 fast beliebig angereichert werden (siehe Band 7).

Durch seine langsame Diffusion in Wasser (etwa 10.000mal langsamer als in Luft) bleibt eine Übersättigung lange erhalten, wenn CO_2 nicht von Pflanzen verbraucht oder durch Umwälzung ausgetrieben wird (siehe Kapitel 2.1.4).

M&M: CO_2 treibt O_2 aus dem Aquarium aus.

Hohe CO_2-Werte werden oft gemeinsam mit Sauerstoffmangel beobachtet. Demnach scheint CO_2 ein Sauerstoffdefizit zu verursachen. Dagegen kann man versuchen, CO_2 mit Hilfe einer Membranpumpe auszutreiben, wie es früher Praxis war. Nun scheinen die O_2-Moleküle die CO_2-Moleküle aus dem Wasser zu verdrängen. Daraus wird geschlossen, dass Wasser nicht beide Gase gleichzeitig lösen könne.

Die CO_2-Anreicherung hat keinen unmittelbaren Einfluss auf den gelösten Sauerstoff und umgekehrt. Gase sind auch im Wasser beliebig mischbar. [Nur gelöste Salze beeinflussen die Löslichkeit von Gasen negativ.] Eine Korrelation kann daher verschiedene Ursachen haben:

- **negative Korrelation:** Wo Fische Sauerstoff verbrauchen, atmen sie CO_2 aus. Bei Dunkelheit stellen Pflanzen ihre Photosynthese ein, nicht jedoch ihr Wachstum. Dann scheiden auch sie CO_2 aus und binden O_2. Deshalb steigt in der Nacht der CO_2-Gehalt (messbar als sinkender pH-Wert), während die Sauerstoffkonzentration sinkt. Wo Pflanzen CO_2 assimilieren, setzen sie O_2 frei.
- **positive Korrelation:** Mit CO_2-Düngung können die Pflanzen noch mehr Sauerstoff produzieren. Hier bedingt hohes CO_2 sogar hohen Sauerstoff (bei entsprechender Beleuchtung). Dies gilt es bei sommerlichen Temperaturen zu bedenken, wenn die Löslichkeit von O_2 aufgrund der Erwärmung des Wassers (nicht wegen CO_2!) abnimmt. Dann ist man geneigt, zwecks Kühlung die Lampen abzuschalten.
- **negative Korrelation:** Starke Umwälzung trägt Sauerstoff in sauerstoffarmes („ungesättigtes“) Wasser ein und lässt CO_2 aus CO_2-übersättigtem Wasser entweichen. Das CO_2 wird nicht von den Luftblasen oder von Sauerstoff hinausgedrängt, sondern kann über die Konvektionsströmung schneller die Oberfläche erreichen.

Zu hohe CO_2-Werte können Atmungsprobleme bei Fischen verursachen; allerdings nicht, weil Sauerstoff aus dem Wasser verdrängt wird, sondern weil sie das Abatmen von CO_2 aus dem Blut verhindern (siehe Band 8). Unter sonst günstigen Bedingungen und ausreichendem Sauerstoffangebot vertragen Fische je nach Art und Herkunft weit höhere CO_2-Konzentrationen, als im Aquarium jemals erzeugt werden, nämlich bis zu 60, 80 oder sogar 500 mg/l (je nach Autor). Nur afrikanische Cichliden, die an alkalisches Wasser ohne freies CO_2 angepasst sind, würden bereits mit 20 mg/l CO_2 Probleme bekommen. Daher sind ihre Becken eher spärlich (mit ‚Hartwasserpflanzen') oder gar nicht bepflanzt.

Für Fische spielt der CO_2-Gehalt indirekt eine wichtige Rolle, weil Kohlensäure über das Kalk-Kohlensäure-Gleichgewicht den pH-Wert und dessen Pufferung mitbestimmt (siehe Band 3).

TIPP: 20 mg/l CO_2 wurde als Kompromiss für Pflanzen und Fische definiert, obwohl diese Grenze nicht wissenschaftlich ermittelt wurde. Viele Pflanzen(arten) gedeihen auch bei niedrigeren CO_2-Gehalten (ohne zusätzliche CO_2-Düngung). Viele Fische zeigen auch bei höheren Gehalten keine Anzeichen von Unwohlsein.

Will man einen bestimmten CO_2-Wert im Aquarium einstellen, sollte man mit einem CO_2-Langzeittest messen. Die Ermittlung des CO_2-Werts über die KH und den pH-Wert mittels Labortabelle ist ungenau und fehleranfällig. Auch die Verwendung eines pH-Controllers garantiert nur den eingestellten pH-Wert, nicht jedoch die angestrebte CO_2-Konzentration (siehe Band 3+7).

3.3.3 Gesamtgasübersättigung

Für eine Gesamtgasübersättigung relativ zum Luftgleichgewicht gibt es drei Entstehungsursachen, die sich gegenseitig verstärken oder überlagern können:

(1) Mechanische Übersättigung durch Druck

Werden Gase oder Gasgemische (Luft) mit Druck (als Pressluft) in das Wasser eingeleitet, lösen sie sich besser. Die Löslichkeit nimmt bereits durch den Staudruck in einem Wasserrohr, den Druck in der Wasserleitung oder unter dem hydrostatischen Druck der Wassersäule zu. Nachträgliche Druckentlastung kann zu starker Übersättigung und Blasenbildung führen.

(2) Thermische Übersättigung bei Temperaturanstieg

Rasche Erwärmung kann zur Übersättigung führen, wenn die gelösten Gase nicht ebenso rasch entweichen können. Übersättigung tritt auch auf, wenn man gesättigte Wässer unterschiedlicher Temperatur mischt (z. B. beim Wasserwechsel). Das ergibt sich aus dem nichtlinearen Kurvenverlauf der Sättigungskurve (siehe Abbildung 1, Seite 62).

(3) Biogene Übersättigung durch Photosynthese oder Atmung

Nach dem *Henry*-Gesetz weist dieselbe Menge Sauerstoff aufgrund des niedrigeren Absorptionskoeffizienten einen höheren Partialdruck im Wasser auf als CO_2. Ersetzen Wasserpflanzen CO_2 durch O_2, so steigt mit dem O_2-Partialdruck auch der Gesamtgasdruck an. Dieser kann am Abend Gasbläschen an den Blättern entstehen lassen. Umgekehrt veratmen Fische und Bakterien O_2 zu CO_2, wodurch zwar der CO_2-Partialdruck steigt, der Gesamtgasdruck insgesamt jedoch sinkt.

Die Fluktuation der Partialdrücke von CO_2 und O_2 im Rahmen des Tag-Nacht-Rhythmus wirkt sich nicht weiter auf Fische aus, während bereits eine geringfügige Übersättigung mit Stickstoff als Hauptkomponente des Gesamtgases (z. B. aus Druckluft) eine Gefahr für Fische darzustellen scheint (zumindest in der Forellenzucht), und zwar wegen der oben genannten Gasblasenbildung.

Blasenbildung

Spontane Blasenbildung hängt von mehreren Auslösern ab wie Überdruck, Druckentlastung und Temperaturänderung.

M&M: Bei Übersättigung bildet ein Gas spontan Blasen.

„Ein verbreiteter Irrtum besteht in dem Glauben, die Gleichgewichtskonzentration eines Gases mit der Luft sei so etwas wie die Kapazitätsgrenze des Wassers für dieses Gas, also dessen absolute ‚Löslichkeit'. Würde sie überschritten, so müsse speziell dieses Gas sich in Form von Blasen abscheiden." [79]

---

[79] Bauer-Schiemenz, Kurt (2015): Gasüberdruck und Gasblasenkrankheit. Version 1.0, http://www.fischundwasser.de/Gasblasen.pdf

EXPERTE[80]: „Dieser Irrtum kommt von der unglücklichen Bezeichnung dieser Gleichgewichtskonzentration als ‚Sättigung' mit dem Wert 100 %. Der Gedanke an das Auskristallisieren überschüssig gelöster Salze liegt dann nahe. Genau auf diesem Irrtum beruhen alle fischereilichen Publikationen über die schädlichen Wirkungen der Stickstoffübersättigung."

Tatsächlich bewirkt der zehnfache Druck die zehnfache Gleichgewichtskonzentration oder eine ‚zehnfache Löslichkeit', aber keine Stickstoffblasen.

Ist nur ein einzelnes Gas (z. B. CO_2) übersättigt, jedoch nicht das Gesamtgas (z. B. Luft), so kann das übersättigte Gas keine Blasen bilden. Die Übersättigung eines Gases führt nicht zwangsläufig zu einem Gesamtgasüberdruck. Nur dieser löst die Blasenbildung aus. Auch Stickstoffübersättigung per se macht noch keine Blasen. Die Gefahr der Blasenbildung liegt nicht in der Natur des Stickstoffs, sondern in seiner Häufigkeit. Bereits eine geringe Übersättigung (in Prozent) mit Stickstoff kann viel eher einen Gesamtgasüberdruck erzeugen als dieselbe prozentuelle Übersättigung mit Sauerstoff oder gar CO_2.

Sobald die Gesamtgasübersättigung den Umgebungsdruck aus hydrostatischem Druck der Wassersäule und Luftdruck inklusive Wasserdampfdruck übersteigt, tragen alle gelösten Gase anteilsmäßig (gemäß ihrer Partialdrücke) zur spontanen Bildung makroskopischer Blasen bei. Bei einer Gesamtgasübersättigung müssen nicht alle Gase des Gemisches übersättigt sein. Nur der Gesamtgasdruck entscheidet.

TIPP: Um die Bildung von Gasblasen im Aquarium zu vermeiden, sollte man Wechselwasser aus der Leitung vorwärmen und/oder ausgasen lassen!

Erst eine dauerhafte Gesamtgasübersättigung (z. B. durch den Einsatz von Druckluft) kann die Gasblasenkrankheit auslösen (siehe Band 8).

[80] Bauer-Schiemenz, Kurt (2015): Gasüberdruck und Gasblasenkrankheit. Version 1.0, http://www.fischundwasser.de/Gasblasen.pdf

4 Licht und Beleuchtung

Die erfolgreiche Pflege eines Aquariums hängt maßgeblich von der Beleuchtung ab. Ohne Licht können Pflanzen nicht gedeihen und Fische weder Futter noch Artgenossen finden. Ohne Beleuchtung kann der Aquarianer seine Unterwasserwelt nicht zufriedenstellend beobachten. Vor der Anschaffung der Aquarienleuchte sollte man sich Gedanken über die Lichtqualität und die erforderliche Beleuchtungsintensität sowie den Stromverbrauch machen. Entscheidet man sich für ein Komplett-Set mit eingebauter Leuchte, so sollte man den Pflanzenbesatz danach ausrichten.

Als Glühbirnen in den 1950er Jahren von Leuchtstoffröhren (**T12**) abgelöst wurden, konnten erstmals auch anspruchsvollere, tropische Pflanzen ganzjährig im Aquarium gehalten werden. Diese Röhren ermöglichten Photosynthese im Aquarium auch im Winter. Sie verbrauchten jedoch viel Strom (Watt) und erzeugten neben Licht auch viel Abwärme. Außerdem blieb ihr Output nicht lange stabil. Daher mussten sie häufig ausgewechselt werden.

In den 1990er Jahren verdrängten **T8**-Leuchtstoffröhren die T12-Röhren als Aquarienbeleuchtung. Sie lieferten ausreichend Licht auch für Starklichtpflanzen. T8 wurden zurecht als Durchbruch in der Pflanzenaquaristik gefeiert. Mit ihrem starken Licht ermöglichten sie erstmals sogar die Pflege von Korallen (in Becken mit bis zu 50 cm Höhe). Doch dann brachte der Fortschritt T5, die fortan als Zukunftstechnologie gefeiert wurden.

Ab 2006 wurden **T5-HO**-Leuchtstoffröhren in Aquarienabdeckungen verbaut. Damit ließen sich Becken bis 65 cm Höhe selbst für Starklichtpflanzen und sogar Riffaquarien zufriedenstellend ausleuchten. Gegenüber T8 boten T5-Röhren ca. 100 % mehr Lichtmenge bei nur ca. 30 % mehr Stromverbrauch. Sie erzeugten mehr Licht, als in vielen Becken gebraucht wurde. Aber auch ihre Tage waren gezählt, denn LEDs befanden sich bereits in Entwicklung mit dem Ziel der Verbesserung der Energieeffizienz.

LEDs gibt es mittlerweile in unterschiedlichen Qualitäten und Bauarten (und zu höchst unterschiedlichen Preisen). Sie lassen sich nicht mehr nur anhand ihrer Wattzahl (Stromverbrauch) vergleichen. Daher sind die Hersteller nun verpflichtet, auch die Lichtleistung (in Lumen) anzugeben. Als Effizienzkriterium gilt Lumen/Watt (Output pro Input) (siehe Tabelle 3).

Tabelle 3: Technische Kennzahlen für Aquarienlampen (T12, T8, T5 und LED)

	Farbkennzahl	Länge	Watt	Lumen	Lumen/Watt
T12					
Philips TL-X XL T12/33-640	CRI 60, 4.000 K	590 mm	20 W	940 lm	47 lm/W
T8					
Juwel Day-Lite T8/765	CRI 70, 6.500 K	438 mm	15 W	850 lm	57 lm/W
JBL Solar Natur T8/990	CRI 98, 9.000 K	438 mm	15 W	750 lm	50 lm/W
T5					
Dennerle Amazon-Day T5-HO/860	CRI 85, 6.000 K	438 mm	24 W	1650 lm	69 lm/W
Juwel HiLight Day T5-HO/880	CRI 80, 8.000 K	438 mm	24 W	1.700 lm	71 lm/W
JBL Solar Natur Ultra T5-HO/990	CRI 90, 9.000 K	438 mm	24 W	900 lm	38 lm/W
LED					
Juwel LED Day	CRI 85, 9.000 K	438 mm	12 W	1.300 lm	108 lm/W
JBL LED Solar Natur	CRI 85, 4.000 K	438 mm	22 W	2.400 lm	109 lm/W
JBL LED Solar Natur (Gen 2)	CRI 85, 6.700 K	438 mm	16 W	2.200 lm	138 lm/W

Stromverbrauch

Der Stromverbrauch (in Watt) bezieht sich auf die elektrische Leistungsaufnahme. Herstellerangaben unterscheiden nicht immer deutlich zwischen dem Verbrauch einzelner Lampen oder LEDs (unter Laborbedingungen) und jenem der gesamten Leuchte samt Ansteuerelektronik (mit Netzteil und Controller), da sich damit eine höhere Energieffizienz (Lumen pro Watt) vortäuschen lässt.

BEISPIEL: Bei einer neuwertigen Leuchte gelangen von 120 lm/W tatsächlich nur etwa 95 lm/W in das Aquarium.

Lichtleistung

Als Kennzahl der Leuchtkörper dient heute die Lumenzahl der Hersteller. Bezieht sich diese Zahl (für Lichtleistung) auf die maximal mögliche Lichtstärke der LEDs im Labor oder auf die tatsächliche Lichtstärke der Leuchte unter Anwenderbedingungen? Je höher die Temperatur an der Verbindung zum Chip und je höher die Betriebstemperatur, desto schwächer wird der effektive Lichtstrom (in Lumen) und desto kürzer wird die Nutzlebensdauer ausfallen. LEDs strahlen ihr Lumen in der Regel in einem Winkel von z. B. 120° ab, wodurch die LED-Röhre ihren gesamten Lichtstrom ohne zusätzlichen Reflektor auf das Aquarium fokussieren und Blendwirkung und Streuverluste besser vermeiden kann. Dadurch wirkt sie für den Betrachter dunkler als eine Leuchtstoffröhre. Der angegebene Abstrahlwinkel bezeichnet einen Lichtkegel, an dessen Außenseite die Lichtstärke auf 50 % von jener in seiner senkrechten Mitte abgenommen hat.

Für monochrome (einfärbige) LEDs wird üblicherweise kein Lumen angegeben, da sie dem menschlichen Auge dunkler erscheinen als weiße mit gleicher Lichtstärke.

Energieeffizienz und Nutzungsdauer

Das Verhältnis lm/W (siehe Tabelle 3, Seite 70) spiegelt die Energieeffizienz der Lichterzeugung wider. 1 Watt erzeugt in einer T8 (mit EVG) maximal 60–70 lm, in einer T5-HO maximal 80 lm und in einer modernen LED bis ca. 150 lm (physikalisch-theoretische Obergrenze bei 350 lm).

Energieeffizienz und Nutzungsdauer wurden seit je von der Betriebs-, Umgebungs- und Abwärme begrenzt. LEDs strahlen selbst zwar nur noch wenig Wärme ab. Die Abwärme, die im Chip einer LED entsteht, muss jedoch über ihren Sockel abgeleitet werden. Keramiksockel eignen sich dazu besser als Plastiksockel, erhöhen aber den Preis. Hohe Energieeffizienz und lange Nutzungsdauer müssen den hohen Anschaffungspreis von LED-Leuchten kompensieren.

4.1 Leuchtstofflampen

In Leuchtstofflampen wird Quecksilberdampf (unter Niederdruck) von Elektronen zu primärer UV-Strahlung angeregt. Diese wird in den Leuchtstoffen (den sogenannten ‚Phosphoren'), mit welchen die Röhren innen beschichtet sind, in Fluoreszenzstrahlung umgewandelt. Das Spektrum dieser Sekundärstrahlung umfasst drei oder fünf Banden (Farben), die weißes Licht ergeben. Im Hobby haben zwei Bauformen (T8 und T5) lange dominiert, die sich unter anderem in Lichtintensität und Energieeffizienz unterscheiden und nicht miteinander kompatibel sind. Beide Typen gibt es in verschiedenen Farbtemperaturen (ausgehend von warmweiß, neutralweiß und kaltweiß) und mit „guter“ (1B) und „ausgezeichneter Farbwiedergabe“ (1A), also mit Dreibanden- oder Fünfbandenleuchtstoffen. Gemäß der *Ökodesign-Richtlinie der Europäischen Union*[81] und der *RoHS-Richtlinie 2011/65/EU*[82] dürfen in der EU ab dem 25. August 2023 keine (quecksilberhaltigen) T8- und T5-Leuchtstoffröhren mehr produziert oder importiert werden. Nur der Abverkauf und die Verwendung gelagerter Restposten sind noch möglich. Damit werden sie wohl bald vom Markt und aus dem Hobby verschwinden. Dennoch sollen auch ihre Mythen und Marketingversprechen hier dokumentiert werden. Ihre Analyse gewährt tiefe Einblicke in die technisch-physikalischen Grundlagen der Beleuchtung.

INFO: Lebens- und Nutzungsdauer

Die mittlere **Lebensdauer** von Leuchtstofflampen bezeichnet jenen Zeitraum, in dem die Hälfte (50 %) der Lampen ausfällt. T8 und T5 können mit EVG bis zu 20.000 Stunden erreichen.

Als **Nutzungsdauer** wird jener Zeitraum bezeichnet, in dem der Restlichtstrom von Leuchtstofflampen auf 80 oder 70 % abnimmt. T8 und T5 (Dreibanden) können mit EVG selbst nach 20.000 Stunden noch über 80 % erreichen.

Lebensdauer und Farbverschiebung

Generell besteht Einigkeit, dass eine Lampe, die für die Beleuchtung von Pflanzen verwendet wird, auszutauschen ist, sobald ihr Lichtstrom auf unter 80 % der ursprünglichen Intensität gesunken ist. Idealerweise wird ein Lichtstromrückgang um 20 % und mehr erst unmittelbar dann erreicht, wenn die Lampe ganz ausfällt. Eine solche Lampe kann bis zum Durchbrennen verwendet werden.

In den ersten Leuchtstofflampen (T12)

[81] Verordnung (EU) 2019/2020 der Kommission vom 1. Oktober 2019 zur Festlegung von Ökodesign-Anforderungen an Lichtquellen und separate Betriebsgeräte. https://eur-lex.europa.eu/legal-content/DE/TXT/?uri=CELEX%3A32019R2020

[82] Richtlinie 2011/65/EU des Europäischen Parlaments und des Rates vom 8. Juni 2011 zur Beschränkung der Verwendung bestimmter gefährlicher Stoffe in Elektro- und Elektronikgeräten. https://eur-lex.europa.eu/eli/dir/2011/65/oj

wurde ein Lichtstromrückgang um 20 % bereits nach etwa 5.000 Betriebsstunden erreicht, während die mittlere Lebensdauer (siehe INFO-Box) bei 6.000 bis 7.500 Stunden lag. Bei Erreichen der mittleren Lebensdauer war nur noch ca. 50 % Lichtstrom übrig. Um seine Pflanzen keinem Risiko auszusetzen, wurden die Leuchtstofflampen nach einem halben bis einem Jahr getauscht, obwohl sie nach menschlichem Empfinden noch hell leuchteten. Diese Gewohnheit wurde trotz verbesserter Technologien noch lange Zeit beibehalten.

M&M: Leuchtstoffröhren müssen nach einem Jahr getauscht werden.

T8-Röhren sollen nach einem Jahr getauscht werden. Selbst für T5-Röhren wurde empfohlen, die Lampen nach ein bis zwei Jahren zu tauschen, sei es auch nur wegen der Farbverschiebung im Spektrum.

Das Spektrum einer Lampe verschiebt sich im Laufe der Zeit: „This is why it is recommended to change your T5 tubes and halide bulbs every 6–9 months.“ [83]

„Die Wechselintervalle bei Dreibandenlampen dürften bei etwa 2 Jahren liegen und sind auch nur aufgrund der zu erwartenden Änderungen im Farbspektrum erforderlich.“ [84]

> EXPERTE[85]: „Apropos Austauschen: Immer wieder gibt es Gerüchte, man sollte die Leuchtstofflampen bereits nach wenigen Monaten (eventuell 3 oder 4 Monate) gegen neue austauschen, da angeblich die Lichtausbeute durch Alterung mit der Zeit stark verliert. Dabei handelt es sich um groben Unsinn. Zwar verlieren diese Lampen im ersten halben Jahr wirklich um die 10 % Lichtstrom; die Kurve verflacht jedoch zusehends, sodaß sich weitere 10 % Verlust erst nach 2 Jahren einstellen. Sie können ihnen schon eine Lebensdauer von 2 bis 4 Jahren zutrauen (dann gehören sie aber raus)! Die Leistung

[83] What can affect the quality of your lighting? (2012) iQuatics Ltd. (UK), http://www.iquaticsonline.co.uk/blog/what-can-affect-the-quality-of-your-lighting/

[84] Orndorff, Bastian: Aquarium – Technik zum Einstieg. https://www.aq-technik.de/Aquarium-Einstieg/aquarium-beleuchtung.html

[85] Neuwirth, Peter: Die Sonne im Heim. Kunstlicht in der Vivaristik. Tonis Seite, http://www.anton-gabriel.at/licht.htm

Ihres Beleuchtungssystems sollte soviel Reserven aufweisen, daß ein Abfall auf 80 % der Neuleistung noch kein Lichtdefizit verursacht."

Moderne Dreibandenlampen (T8 und T5) emittieren nach zwei Jahren noch immer 85–90 % ihre nominalen Intensität. Erst nach rund vier Jahren bzw. kurz vor Lebensende (nach etwa 20.000 Stunden) fällt ihre Lichtintensität auf 80 %. Fünfbandenlampen verlieren rascher an Intensität, fallen aber auch nicht unter 80 %, bevor sie ihr Ende erreichen. Beide Lampentypen können solange betrieben werden, bis sie sich nicht mehr starten lassen.

Eine Veränderung im Farbspektrum [gemeint ist wohl in der Farbtemperatur], die mit freiem Auge wahrnehmbar ist, beruht auf dem visuellen Eindruck, der sich aus dem Vergleich einer alten Lampe mit abnehmender Lichtintensität mit einer neuen Lampe mit voller Intensität ergibt. Das heißt, eine neue Lampe leuchtet heller als eine gebrauchte und erscheint uns daher ‚kälter'. Derselbe Effekt kann beim Dimmen beobachtet werden. Dimmen reduziert die Betriebstemperatur und -spannung der Lampen und bewirkt somit ebenfalls eine Veränderung des Farbeindrucks von bis zu 150 Kelvin in den warmen Bereich.

Konkret erzeugt eine alte Lampe nicht mehr Rot und Gelb, sondern weniger Blau. Solche Veränderungen erfolgen schleichend und liegen wohl innerhalb der Adaptionsfähigkeit der meisten Pflanzen.

TIPP: Eine regelmäßige Reinigung von Lampen, Reflektoren und Abdeckscheiben hat mehr Einfluss auf den Lichtstrom als das penible Einhalten der Lampenwechselintervalle.[86]

Die oft zitierte Abnahme der Lichtstärke bewegt sich bei modernen Röhren innerhalb von 10 %. Dabei findet die stärkste Abnahme am Anfang statt. Eine damit einhergehende Verschiebung des Farbspektrums in den warmen Bereich ist für das Aquarium unerheblich. Ein Wachstumsstillstand von Pflanzen nach ca. einem Jahr ist viel eher darauf zurückzuführen, dass das Bodensubstrat an Nährstoffen verarmt.

---

[86] vgl. Miehle-Huang, Robert: Lebensdauer verschiedener Lampen. I. Leuchtstofflampen. http://www.hereinspaziert.de/lampen/Leuchtstoff.htm

4.2 Light Emitting Diodes LEDs

Aquarienleuchten mit LEDs sind in der Regel so gebaut, dass sie zwei Leuchtstoffröhren in bezug auf ihre Helligkeit ersetzen können. Statt Watt (Input) wird nun Lumen (Output) angegeben. Der augenfälligste Unterschied der LED-Technologie im Vergleich zu den Leuchtstoffröhren liegt in der langen Lebensdauer von LEDs. Doch was bedeuten die Angaben der Hersteller für die aquaristische Praxis?

Nutzlebensdauer

M&M: Moderne LED-Lampen haben eine Nutzlebensdauer von 50.000 Stunden.
Hersteller von LEDs versprechen eine Nutzlebensdauer von 50.000 Betriebsstunden und mehr. Das entspricht bei einer täglichen Beleuchtungsdauer von 10 Stunden einer Nutzungsdauer von über 13 Jahren (5.000 Tagen).

ACHTUNG: Bei solchen Angaben handelt es sich um Extrapolationen von Testergebnissen unter Laborbedingungen, da im Labor nicht mehr als 6.000 Stunden simuliert werden.

Die Herstellerangaben wurden unter standardisierten Laborbedingungen gemessen und sind somit als bestmögliche Werte zu betrachten, die man im Aquarium voraussichtlich nicht erreichen wird. Hier erscheinen 15.000 bis 30.000 Stunden eher realistisch.

Das Marketing unterscheidet in der Regel nicht zwischen den maximal möglichen Betriebsstunden (Nutzungsdauer) der einzelnen LEDs und der Lebensdauer der ganzen Leuchte. Letztere dürfte deutlich unter den prognostizierten Werten liegen (z. B. nur 10 statt 13 Jahre). Die Schwachstellen liegen auch weniger in den LEDs (als Lichtquellen), als vielmehr bei der Elektronik und ihren verschiedenen Bauteilen (wie Vorschaltgeräte und Transformatoren), die von sehr unterschiedlicher Qualität sein können und zum Preisunterschied beitragen.

In der Praxis sollen LED-Leuchten (anders als moderne Leuchtstoffröhren, die bis zum ‚Durchbrennen' verwendet werden konnten) nur bis zu ihrem Nutzlebensende verwendet werden, da (hochwertige) Leuchten bis dahin 70–80 % ihrer ursprünglichen Leistung erbringen. LEDs verlöschen nicht plötzlich, sondern werden im Alter immer dunkler, bis sie ausfallen. Allerdings gibt es noch zuwenige Erfahrungswerte mit der tatsächlichen Lebensdauer, da LED-Leuchten noch nicht genügend lange am Markt sind. Die Herstellergarantie für alle anderen Komponenten der Leuchte (außer den LEDs) beträgt normalerweise zwei, freiwillig drei Jahre.

BEISPIEL: Ein L-Wert von L70 besagt, dass bis zur garantierten Lebensdauer (z. B. 50.000 Stunden) 70 % des Ausgangslichtstromes gewährleistet sind. Bis dahin beträgt der Lichtstromrückgang einer Leuchte (nicht einzelner Dioden) höchstens 30 %.

BEISPIEL: Ein B-Wert von B10 beschreibt 10 % Ausfallwahrscheinlichkeit für die Dioden einer Leuchte bis zur garantierten Lebensdauer.

L- und B-Werte sind auf Gütern für den Einzelhandel noch selten zu finden. Beim Produktvergleich ist man daher auf andere Kennzahlen angewiesen.

TIPP: Worauf man beim Lampenkauf sonst noch achten sollte.

Für Bastler bietet der Heimwerkermarkt kostengünstige LED-Strahler. Neben Farbtemperatur, CRI und Lumen sollte man hier zusätzlich auf Wasser- und Staubschutz achten (z. B. Schutzklasse IP67). Lampen für Aquarien müssen der Schutzart IP X7 entsprechen, also vor Wasser bei kurzem Eintauchen geschützt sein. Weiters sollte ihr Kühlsystem auch für den Innenbereich geeignet sein.

4.3 Lichtspektrum und Farben

Rot ist langwelliger als blau und folglich jener Teil des sichtbaren Strahlungsspektrums mit der niedrigeren Energie. Infrarot können wir nicht mehr sehen, nur noch als Wärme fühlen. Ultraviolett am kurzwelligen Ende des Spektrums können wir auch nicht mehr sehen, aber als Sonnenbrand wahrnehmen.

Anders als heiße Strahler wie die Sonne, Kerzen und Glühbirnen erzeugen Leuchtstoffe Licht nicht durch thermische Strahlung, sondern durch Fluoreszenz. Ihr Spektrum ist nicht kontinuierlich wie Sonnenlicht, sondern umfasst nur die für den Leuchtstoff charakteristischen Farben. Das menschliche Gehirn mischt verschiedene Farben zu neuen Farben. Auf diese Weise können wir auch Weiß sehen, obwohl Weiß keine Farbe des Lichtspektrums bildet (Weiß hat keine eigene Wellenlänge).

4.3.1 Sonnenlicht

Natürliches Sonnenlicht weist ein kontinuierliches Spektrum an Wellenlängen auf (siehe INFO-Box und Abbildung 2). Dazu zählt der Spektralbereich des sichtbaren Lichts (also der Farben) bzw. der photosynthetisch aktiven Strahlung (PAR) ebenso wie die ultraviolette und Infrarot-Strahlung.

Bereits vor der Quantenphysik war bekannt, dass sich das Licht manchmal wie ein Teilchenstrom (Photonen), dann wieder wie eine elektromagnetische Welle verhält, je nach experimenteller Messanordnung. Dabei transportiert das Licht Energie, die aus angeregten (‚heißen') Elektronen stammt. Diese Energie kann nicht nur in Sonnenkollektoren, sondern auch in Pflanzen absorbiert und nutzbar gemacht werden.

Natürliches Sonnenlicht unterscheidet sich von Kunstlicht (siehe Abbildung 2). Ist natürliches Licht deshalb besser?

Kunstlicht kann Lücken oder Spitzen in bestimmten Wellenlängenbereichen auf-

INFO: Spektrum von Sonnenlicht

Die Sonne emittiert Strahlung mit einem breiten Spektrum an Wellenlängen. Je kürzer die Wellenlänge, desto höher die Energie der Welle und somit auch ihre Schwingungsfrequenz.

100–280 nm UV-C
280–315 nm UV-B
315–380 nm UV-A

380–780 nm sichtbares Licht/PAR
- 380–500 nm blau
- 500–600 nm grün-gelb-orange
- 600–780 nm rot

>780 nm Infrarot (IR)

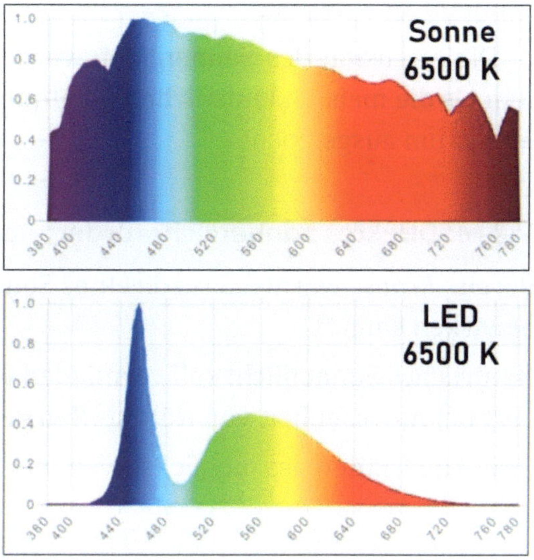

Abbildung 2: Vergleich der Spektren von Sonnenlicht und tageslichtweißer LED mit gleicher Farbtemperatur (Quelle: The 2HR Aquarist[87])

[87] Wong, Dennis (2019): 6500K vs 2700K; what does the kelvin number actually mean? 2Hr Aquarist Pte. Ltd. (Singapur), https://www.2hraquarist.com/blogs/light-3pillars/k-rating

weisen, je nach verwendetem Leuchtmittel. Das wirkt sich auf seine Fähigkeit, Farben natürlich wiederzugeben, negativ aus, auch wenn es die gleiche Farbtemperatur wie Sonnenlicht aufweist.

Die Intensität des Sonnenlichts variiert auf natürliche Weise und kann viel höher sein als die meisten künstlichen Lichtquellen. Das wird allzu oft als Ursache für Algenwachstum ausgemacht.

M&M: Direktes Sonnenlicht fördert den Algenwuchs.

Bereits *Krause* warnte, dass direktes Sonnenlicht die Massenvermehrung von Algen bewirken kann.[88]

Natürliches Sonnenlicht soll vermieden werden, denn „Sonnenlichteinstrahlung fördert bei Anwesenheit von Nährstoffen den Algenwuchs.“ [89]

„Das Aquarium muss möglichst weit weg vom Tageslichteinfall aufgestellt werden“ [90]

Direkte Sonneneinstrahlung kann wie jede andere Form von zuviel Licht (relativ zu den anderen Wachstumsparametern) den höheren Pflanzen schaden, z. B. durch

- ☹ Photoinhibition der Photosynthese (ab ca. 200 µmol/m²/s je nach Art),
- ☹ CO_2-Mangel und O_2-Mangel durch Erwärmung des Wassers,
- ☹ pH-Anstieg durch starken CO_2-Verbrauch infolge starken Wachstums,

und auf diesem Wege indirekt Algenwuchs begünstigen. Aber selbst Algen können zuviel direktes Sonnenlicht (Starklicht) nicht für stärkeres Wachstum nutzen. Im Gegenteil kann ihr Wachstum wie jenes der Pflanzen durch intensive Beleuchtung behindert werden. Algen reagieren jedoch weniger empfindlich auf den Mangel von Wachstumsfaktoren (wie CO_2, Makro- und Spurenelemente), der im Zuge starker Beleuchtung und starken Pflanzenwachstums auftreten kann. Somit kann alles, was das Pflan-

---

[88] vgl. Krause, Hanns-J. (2004): Handbuch Aquarientechnik. Bede, 4. Auflage, Seite 25.

[89] Pflanzen gegen Algen. my-fish - Ein Projekt der WZF Wirtschaftsgemeinschaft Zoologischer Fachbetriebe GmbH (Deutschland), https://my-fish.org/anfanger-einstieg/pflanzenratgeber/pflanzen-gegen-algen/

[90] Keppler, Rainer (2009): Richtige Aquarienbeleuchtung mit JBL Solar. Was - Wie - Warum? JBL Heft 7, 4. Auflage, Seite 7, https://www.jbl.de/?mod=files&func=show&id=8879

zenwachstum schwächt, den Algen eine Gelegenheit zur massenhaften Vermehrung bieten. Algen haben selten nur eine Ursache.

Tatsächlich nützt den Algen nicht die Intensität des Sonnenlichts, sondern dessen blauer Anteil, der für die Photoreduktion von Eisen-Ionen (in Chelaten) verantwortlich ist. Das aus Chelaten freigesetzte Fe dürfte für den Algenwuchs sogar ausschlaggebend sein. Bereits eine geringe Erhöhung von Fe(II) wirkt sich vor allem in nährstoffarmen Wässern entsprechend aus. Bei direkter Sonneneinstrahlung auf das Aquarium erweist sich eine Blende um das Bodensubstrat als nützlich, wenn man ein Fe-reiches Substrat verwendet. Dann haben Wurzelpflanzen den Vorteil, dass sie das im Boden gebundene Fe nutzen können, während es für Algen unzugänglich bleibt.

TIPP: Direktes Sonnenlicht soll nicht die Aquarienbeleuchtung ersetzen. Es kann jedoch überraschende Lichteffekte (z. B. Fische in Echtfarben und mit natürlichen Schatten) erzeugen und schadet für kurze Zeit pro Tag auch nicht.

Kunstlicht hat den Vorteil, dass es sich gleichmäßig verteilen und in seiner Stärke und Farbe regulieren lässt. Sonnenlicht hängt vom Wetter (Wolken) sowie von der Tages- und Jahreszeit ab.

Da Fische ihre senkrechte Achse nach dem Lichteinfallswinkel und der Schwerkraft ausrichten, soll das Hauptlicht nicht durch die Seitenwände ins Aquarium strahlen, sondern nur von oben. Andernfalls kippen die Fische in Schräglage, wodurch ihr Orientierungssinn gestört wird.

4.3.2 Weißlicht

Rotes, grünes und blaues Licht (RGB) vermischen sich in unserer Wahrnehmung zu Weiß. Das gilt für Sonnenlicht wie für Kunstlicht und wird unter anderem in Farbbildschirmen genutzt.

Da weißes Kunstlicht auf mehrere Weisen erzeugt werden kann, werden die daraus resultierenden Nuancen mit zwei Kennzahlen beschrieben: mit der Farbtemperatur („Color Correlated Temperature“ CCT) der Lichtquelle und der Farbtreue bzw. der

Farbwiedergabe („Color Rendering Index“ CRI oder Farbwiedergabeindex R_a[91]) im Licht des Leuchtkörpers.

(1) Farbtemperatur

Auf den ersten Blick mag es wie ein Widerspruch klingen: Mit zunehmender Farbtemperatur (gemessen in Kelvin) wird das Licht kälter, von rötlichem „Warmweiß“ (<3.300 K) über „Neutralweiß“ (3.300–5.300 K) hin zu bläulichem „Kalt- oder Tageslichtweiß“ (>5.300 K). Je kälter uns weißes Licht erscheint, desto mehr Blau enthält es gegenüber Rot.

Ein glühender schwarzer Körper emittiert umso mehr kurzwelliges und daher energiereicheres, blaues Licht, je heißer er ist. Er emittiert aber ein kontinuierliches Spektrum von Farben, weshalb er trotzdem weiß leuchtet (von rötlich weiß bis bläulich weiß). Der bekannteste heiße (auch schwarze) Strahler ist die Sonne. Mit einer Oberflächentemperatur von rund 5.700 Kelvin leuchtet sie kaltweiß (im Weltall). In der Atmosphäre wird der blaue Anteil des Sonnenlichts stärker gestreut oder absorbiert als der rote. Dadurch erscheint uns die Sonne gelb bis rötlich.

BEISPIEL: Bei senkrechtem Lichteinfall wird nur wenig Blau von der Atmosphäre absorbiert (Reduktion auf ca. 5.500 K), ehe das Licht das Auge erreicht. Je flacher der Einfallswinkel, desto mehr Blau geht in andere Richtungen verloren, und der Himmel erscheint rötlich (Morgen- und Abendrot). Der blaue Himmel wird hingegen vom blauen Licht geprägt (>9.000 K), da dieses stärker streut als rotes Licht.

Wenn wir künstliches weißes Licht mit dem Licht eines heißen Strahlers korrelieren, können wir dieses Weiß mit der Temperatur des Strahlers beschreiben (Color-Correlated Temperature CCT), auch wenn künstliches Licht nicht mehr durch heiße Glühfäden erzeugt wird und wahrscheinlich eine andere Spektralkurve aufweist. Seine Farbtemperatur gibt einen groben Richtwert für das Verhältnis von Rot und Blau, die sich mit Grün zu Weiß mischen. Die Farbwahrnehmung kann jedoch auch vom Grünanteil beeinflusst werden. Vor allem beim Vergleich von Leuchtstoffröhren oder LEDs mit Sonnenlicht derselben Farbtemperatur (siehe Abbildung 2, Seite 77) lassen sich Unterschiede ersehen (abgesehen von ihren Spektralkurven).

---

[91] R_a steht für „average Rendering score“ bzw. „allgemeiner Referenzindex“ (Farbwiedergabeindex).

Leuchtstoffröhren mit warmer und kalter Farbtemperatur wurden zu einem Mischwert kombiniert, um dem optimalen „Sonnenwert" nahezukommen. Hochwertige LED-Leuchten umfassen daher blaue, rote, grüne, warm- und kaltweiße LEDs und erlauben eine Kombination der Farben zu jedem beliebigen Farbton (per Licht-Controller, Fernbedienung oder Handy-App), der den Pflanzen (oder dem Geschmack des Aquarianers) am besten entspricht.

Monochromatisches (einfärbiges) Licht kann naturgemäß keiner Farbtemperatur zugeordnet werden. Angaben wie 25.000 K für „actinic blue" entbehren jeglicher physikalischer Grundlage, da kein heißer Strahler ausschließlich Blau emittiert.

M&M: „Die Lichtfarbe Tageslichtweiß eignet sich am besten für die Beleuchtung von Aquarien."

„Das Licht ähnelt dem natürlichen Sonnenlicht am meisten und verfügt über die beste Mischung von roten und blauen Wellenlängen im Licht. […] Da wir für das Aquarium ein tageslichtweißes Licht benötigen, sind hierfür LED- oder Leuchtstoffröhren mit einer Farbtemperatur von 6.500 K bis 8.000 K geeignet." [92]

„Many lighting salesmen make the mistake of thinking that their lights produce the same spectrum as sunlight just because their lights share the same color hue (CCT rating) as sunlight." [93]

Tageslichtweiß ist genau so natürlich wie Warmweiß und Neutralweiß. Tageslicht entspricht zu unterschiedlichen Tageszeiten an unterschiedlichen Orten einer Farbtemperatur zwischen 3.000 und 9.000 Kelvin. Der Vorbehalt gegen Warmweiß geht auf das warmweiße Licht von Glühbirnen zurück. Doch nicht ihr hoher Rotanteil, sondern die zu geringe Intensität der PAR machte sie für Pflanzen unbrauchbar, da ein Großteil der Energie nicht als Licht, sondern als Wärme abgestrahlt wurde.

---

[92] Was ist die beste Beleuchtung für mein Aquarium? Blog der WWL World Wide Lighting GmbH (Deutschland), https://www.beleuchtungdirekt.de/blog/was-ist-die-beste-beleuchtung-fuer-mein-aquarium

[93] Wong, Dennis (2019): 6500K vs 2700K; what does the kelvin number actually mean? 2Hr Aquarist Pte. Ltd. (Singapur), https://www.2hraquarist.com/blogs/light-3pillars/k-rating

Die Farbtemperatur misst weder die Lichtintensität (Helligkeit), noch steht sie für ein bestimmtes Spektrum, sondern nur für den Eindruck von weißem Licht, der sich aus dem Verhältnis der Intensitäten (Peaks) von Blau zu Rot ergibt. Kaltes Licht erscheint für unsere Augen nicht nur ‚weißer', sondern auch heller (mit mehr Lumen) als warmes, auch wenn die Lampen gleichviel Output liefern.

> EXPERTE[94]: "It is pure rubbish to say that they produce light similar to sunlight. The only similarity is in the visual color hue. [...] Every website out there that claims 6.500 K is better for plants is purely a marketing gimmick."

Was mit der Farbtemperatur umschrieben wird, kann genauer mit einer Spektralkurve dargestellt werden. Weiße Vollspektrum-LEDs zeichnen sich darin durch ein kontinuierliches Spektrum mit einem mehr oder minder hohen Peak im Blau und einem breiten Hügel über dem Grün/Gelb aus (siehe Abbildung 2, Seite 77). Zusätzliche Dioden für Rot geben der Kurve einen zusätzlichen Peak am roten Ende. Ein höherer Rotanteil bringt rote Pflanzen visuell besser zur Geltung und fördert ihre Pigmentbildung (mehr über Pflanzenlicht im folgenden Kapitel).

TIPP: Mehr Lumen (mehr Helligkeit für unser Auge) bedeutet nicht automatisch auch mehr PAR für Pflanzen. Es könnte sich um Licht handeln, auf welches nur das menschliche Auge empfindlicher reagiert, wie z. B. Tageslichtweiß. Für Pflanzen zählt die tatsächliche Intensität der photosynthetisch aktiven Strahlung (PAR).

[94] Wong, Dennis (2019): 6500K vs 2700K; what does the kelvin number actually mean? 2Hr Aquarist Pte. Ltd. (Singapur), https://www.2hraquarist.com/blogs/light-3pillars/k-rating

(2) Farbtreue – Color Rendering Index CRI

Unser Empfinden für die ‚Echtheit' von Farben wird mit dem Color Rendering Index (CRI) gemessen. Strahler, die das volle Spektrum emittieren (wie z. B. die Glühbirne oder die Sonne) geben Farben per definitionem korrekt wieder (CRI/R_a 100), wenn auch in anderen Warmtönen. Weißes Kunstlicht mit Farblücken im Spektrum verfälscht Farben, da die fehlenden Farben von der beleuchteten Oberfläche nicht reflektiert werden.

BEISPIEL: Am stärksten wurden Farben unter den alten Zweibandenlampen verfälscht (Kennzahl 6 oder 7xx). Dreibandenlampen (Kennzahl 8xx) stellen Farben so realistisch dar, wie es zum Beispiel im Wohnbereich gefordert wird. Doch erst mit Fünfbandenlampen (Kennzahl 9xx) können Farben mit hoher Natürlichkeit wiedergegeben werden. (Die erste Ziffer der Farbkennzahl steht für den CRI. ‚xx' steht für die Farbtemperatur; siehe INFO-Box.)

INFO:
Was bedeutet „T5/865"?

„T5/865" beschreibt eine Leuchtstoffröhre („Tube") mit einem Durchmesser von 5/8 Zoll, einem CRI von 80–89 % und einer Farbtemperatur von 6500 K.

Weder gleiche Farbtemperatur noch ein gleicher Farbwiedergabeindex garantiert eine gleiche Farbwahrnehmung, da der CRI nur einen berechneten Durchschnitt über die Farbpalette darstellt, während die Farbtemperatur nur das Verhältnis von Blau zu Rot beschreibt. Nur bei gleicher Farbtemperatur UND einem CRI von 100 % kann man denselben Farbeindruck erwarten. Dies muss beim Vergleich von Lampen unterschiedlicher Bauart berücksichtigt werden. In Produktbeschreibungen sollte die Farbtemperatur stets gemeinsam mit dem CRI ausgewiesen werden.

M&M: Je höher der CRI, desto schöner die Farben und desto besser für die Pflanzen.

Leuchtstofflampen mit ‚Vollspektrum' (CRI 90–98) haben die beste Farbwiedergabe und erzeugen folglich die natürlichsten Lichtverhältnisse. Je höher der CRI, desto besser wachsen die Pflanzen.

In der aquaristischen Praxis spielen Unterschiede im CRI über 80 (Klasse 1B gut) keine Rolle, auch wenn das Marketing damit höhere Preise rechtfertigen möchte.

Mit zusätzlichen blauen und roten Leuchtstoffen (heute LEDs) sollen die Farben von Pflanzen und Fischen künstlich verstärkt werden. Spezielle Pflanzenröhren mit ihrem charakteristischen violetten Licht zeichnen sich durch besonders schlechte Farbwiedergabe aus. Rot und Blau der Fische und Pflanzen werden stark überbetont (wie in der Fleisch- und Obstabteilung im Supermarkt). Ihre Wirksamkeit für das Pflanzenwachstum im Aquarium bleibt umstritten.

LEDs gibt es mittlerweile in vielen Farben, die in Leuchten mittels Controller in beliebiger Weise kombiniert werden können. Weiße LEDs werden mit mehreren Leuchtstoffen beschichtet, um ein Vollspektrum zu erzeugen. Die Forschung arbeitet daran, das künstliche Licht aus Leuchtstoffen immer besser an das Sonnenspektrum anzupassen. Das Ziel sind Vollspektrum- bzw. High-CRI-LEDs mit reduziertem Blau-, aber stärkerem Rotanteil als in konventionellen LEDs und ohne Lücken im Spektrum. Solche Beleuchtungssysteme finden in Gewächshäusern (vor allem für Forschungszwecke) Verwendung.

TIPP: Für die Aquaristik eignen sich Lampen mit einem CRI zwischen 80 und 89 (Farbwiedergabe-Klasse 1B) bestens. Werte zwischen 90 und 100 (Farbwiedergabe-Klasse 1A) der Fünfbandenlampen haben im Aquarium keine erkennbaren Vorteile (außer für Fotografen), aber höhere Preise.

Der Unterschied im CRI ergibt sich aus den Leuchtstoffen, mit welchen die Röhren beschichtet sind. Ein besserer CRI geht in der Regel auf Kosten der Lichtausbeute.

(a) Dreibandenlampen

Nach dem Prinzip der additiven Farbmischung erzeugen sie weißes Licht mit drei relativ scharfen Banden im roten, grünen und blauen Bereich. Zwischen diesen weist das Spektrum ‚Löcher' auf. Die fehlenden Farben werden nicht reflektiert, was die Farbwiedergabe beleuchteter Oberflächen beeinträchtigt und mit einem niedrigeren CRI (80–89) beschrieben wird.

Das Marketing kennt spezielle Leuchtstoffröhren für Aquarien, die vorgeben, mit Löchern im Spektrum und UV-Folien Einfluß auf Algen, insbesondere auf Mikroalgen [=Phytoplankton] nehmen zu können.

M&M: „Algenlöcher" im Spektrum und UV-Stop-Folien verhindern Algen.

„Leuchtmittel mit einem hohen CRI-Wert haben auch einen hohen Lichtanteil, der das Algenwachstum fördert. Deshalb werden in Aquarienlampen bestimmte Frequenzen unterdrückt." [95]

Beispiel: ***„Dennerle TROCAL de Luxe T8 Amazon Day"*** (6.000 K)
TROCAL = „Tropisches Contra Algen Licht"
„Versuche in Gewächshäusern zeigten, dass sich zur Photosynthese-Anregung von Aquarienpflanzen Licht aus dem orangeroten Spektrum am besten eignet. Diese Erkenntnis hat *Dennerle* dazu genutzt, ein spezielles Beleuchtungssystem zu entwickeln, welches das Pflanzenwachstum unterstützt, ohne lästiges Algenwachstum zu fördern. [...] Das spezielle Licht-Spektrum mit ‚Algenlöchern' wirkt vorbeugend gegen Algen." [96]

Beispiel: ***„Dennerle TROCAL T5 Special Plant"*** (3.000 K, CRI=85)
„Alle Röhren besitzen eine spezielle UV-Stopp-Schutzfolie, welche algenförderndes UV-Licht unter 400 nm komplett ausfiltert. Lästigem Algenwachstum wird dadurch wirksam vorgebeugt, und Aquarienpflanzen gedeihen prächtig." [97]

Algenlöcher im Spektrum

Diese Löcher sind kein exklusives Merkmal spezieller Aquarienlampen, sondern kommen in allen preiswerten Dreibandenlampen aus dem Heimwerkermarkt vor.

---

[95] Welchen CRI wert? geeignet fürs Aquarium?? Kommentar von Sailor, am 31.10.11, ledHILFE (Forum), LUMITRONIX® LED-Technik GmbH (Deutschland), https://www.ledhilfe.de/viewtopic.php?t=13159

[96] Dennerle TROCAL de Luxe T8 Amazon Day. Online-Shop, ZooRoyal GmbH (Deutschland), http://www.zooroyal.at/dennerle-trocal-de-luxe-t8-amazon-day (siehe Internet Archive, https://web.archive.org/)

[97] Dennerle TROCAL T5 Special Plant. Aquaristikshop, Happy Diskus - e.Kfr. (Deutschland), https://www.aquaristikshop.com/aquaristik/Dennerle-TROCAL-T5-Special-Plant/908200/

> EXPERTE[98]: „Obige Behauptung [wonach ein hoher CRI-Wert bzw. Vollspektrumlicht Algenwachstum fördert] ist falsch. [...] Du wirst daher zu jedem Lichtspektrum garantiert eine Alge finden, die darunter besonders gut wächst.
>
> Die Aussage, mit der Auswahl des Lichtspektrums Algenwuchs unterdrücken zu können, ist eine Erfindung der Aquaristikindustrie, um ihre Teuer-Lampen an die Frau / den Mann bringen zu können. Mit der Realität hat das aber nichts zu tun. Gerade die Aquascaper beleuchten ihre Aquarien gerne mit High-CRI-Leuchtmitteln [mit Vollspektrum ohne Löcher], um die feinen Farbnuancen der Pflanzen zur Geltung zu bringen."

Das Lichtspektrum von Dreibandenlampen schadet den Algen ebenso wenig wie Vollspektrum. Dreibandenlampen liefern den höheren Pflanzen jedoch mehr Wuchslicht (PAR), wodurch es sie im Konkurrenzkampf mit den Algen besser unterstützt (siehe unten). Üppiger Pflanzenwuchs, nicht gelöchertes oder gefiltertes Licht, wirkt immer noch am besten gegen Algen.

Richtige „Algenlöcher" müssten im blauen Bereich liegen. Nur damit kann die Photoreduktion von Eisen-Ionen im Wasser unterbunden und die Algen vom Eisen abgeschnitten werden. Zugleich würde aber den Pflanzen ein wichtiger Teil des Spektrums (PAR) für ihre Photosynthese vorenthalten werden.

TIPP: Algenhemmendes Licht und „Algenlöcher" sind eine Erfindung des Marketing ohne nachgewiesene praktische Wirksamkeit gegen Algen. Vielmehr können Schwebealgen mit speziellen UV-C-Lampen abgetötet werden (siehe Band 4).

UV-Strahlung und Algen

Dennerles UV-Stop-Folie beruht auf der Annahme, Algen würden nur in den obersten Zonen von Gewässern leben und daher das gesamte Spektrum des Tageslichts ein-

---

[98] Welchen CRI wert? geeignet fürs Aquarium?? Kommentar von Loong, am 01.11.11, ledHILFE (Forum), LUMITRONIX® LED-Technik GmbH (Deutschland), https://www.ledhilfe.de/viewtopic.php?t=13159

schließlich UV-Strahlung benötigen. Submerse Pflanzen hingegen leben in tieferen Zonen, in die kein UV- und nur wenig Blaulicht vordringen kann (wegen der Absorption durch Trüb- und Farbstoffe). Sie seien daher auf die roten Anteile des Lichtspektrums spezialisiert.

Fraglich bleibt, ob die Algen die kurzwellige Strahlung vermissen, wenn diese weggefiltert wird, oder sich rasch an geänderte Spektren anpassen.

> EXPERTE[99]: „Mit speziellen Leuchtstofflampen, denen die kurzwellige Blau- und UV-Strahlung unter 400 nm herausgefiltert wird, kann man nach Angaben von *Dennerle* (2002) Algenwachstum behindern. Vielleicht wird auch nur die Zusammensetzung der Flora verändert. Die Änderung in der spektralen Zusammensetzung der Aquarienbeleuchtung kann aber nach den zitierten Untersuchungen kein Allheilmittel gegen sämtliche unerwünschte Algen sein."
>
> „Das ultraviolette Licht in einer Energiesparlampe ist um ein Vielfaches geringer als das UV-Licht, das im Tageslicht enthalten ist." Überdies kann die primäre UV-Strahlung einer Leuchtstoffröhre die Glaswand der Röhre kaum durchdringen. Aufgeklebte UV-Folien sind daher ein reiner Marketing-Hype.

TIPP: Wissenschaftliche Untersuchungen haben gezeigt, daß bei jeder Lichtfarbe bestimmte Mikroalgen-Spezies gefördert werden. Lichtfarben sollten deshalb so ausgewählt werden, daß sie Pflanzen und Tiere in möglichst naturgetreuen Farben wiedergeben.[100]

(b) Fünfbandenlampen – Vollspektrum

Fünfbandenleuchtstoffe erzeugen weißes Licht aus fünf Farben, deren Bande (Peaks) aneinander grenzen oder sich überlappen, sodass ein annähernd kontinuierliches

---

[99] Sauer, Karlheinz, Steck, Bernhard, Schuchart, Hartwig, Horn, Hans-Georg (2004): PraxisRatgeber Vivarienbeleuchtung. Chimaira, Frankfurt am Main, Seite 138.

[100] vgl. Sauer, Karlheinz, Steck, Bernhard, Schuchart, Hartwig, Horn, Hans-Georg (2004): PraxisRatgeber Vivarienbeleuchtung. Chimaira, Frankfurt am Main, Seite 50.

Spektrum entsteht. Das Marketing macht aus dem Vollspektrumlicht ein „sonnengleiches“ und diesmal sogar „algenhemmendes“ Licht, obwohl doch Sonnenlicht gerade noch als algenförderlich und Löcher im Spektrum als algenhemmend gegolten haben.

M&M: Pflanzen brauchen ein sonnengleiches Vollspektrumlicht.

„Die Beleuchtung sollte mit pflanzenfördernden Vollspektrumröhren erfolgen. Vollspektrumröhren sind in ihrem Spektrum dem Sonnenlicht näher und daher für die Photosynthese der Pflanzen gegenüber anderen Röhrentypen (Zweiband- oder Dreibandröhren) überlegen. Dies wurde durch wissenschaftliche Untersuchungen belegt. Rötliche und insbesondere bläuliche Lichtfarben wirken eher algenfördernd – also Vorsicht!“ [101]

Beispiel: ***„JBL Solar Natur“*** (T8 oder T5, 9.000 K, R_a=1A, CRI 98)[102]
mit Tageslicht-Vollspektrum wie Sonnenlicht; „Das sonnengleiche Licht hemmt den Algenwuchs.“

Dreibandenlampen haben zwar ein lückenhafteres Farbspektrum als Vollspektrumlampen (Fünfbandenlampen), dafür aber insgesamt eine höhere Lichtausbeute. Daher liefern sie mehr Wuchslicht (PAR) und somit den besseren Pflanzenwuchs. Dieser ist es, der den Algenwuchs hemmt.

> EXPERTE[103]: „Im Grunde genommen eignen sich beide Typen für die Beleuchtung des Pflanzenaquariums. Unterschiede gibt es in der Nutzungsdauer, die bei Dreibanden-Leuchtstofflampen über 20.000 Betriebsstunden und bei Vollspektrum-Lampen um die 16.000 Stunden beträgt, sowie in der Lichtaus-

---

[101] Pflanzen gegen Algen. my-fish - Ein Projekt der WZF Wirtschaftsgemeinschaft Zoologischer Fachbetriebe GmbH (Deutschland), https://my-fish.org/anfanger-einstieg/pflanzenratgeber/pflanzen-gegen-algen/

[102] vgl. JBL Solar Natur. JBL GmbH & Co. KG (Deutschland), https://www.jbl.de/de/produkte/detail/2378/jbl-solar-natur

[103] Orndorff, Bastian: Aquarium - Tipps. https://www.aq-technik.de/Aquarium-Tipps/aquarium-leuchten-kombination.html

beute, die bei Dreibanden-Leuchtstofflampen höher ist. Dies lässt sich anhand der Lampendaten sehr leicht nachvollziehen.“ (siehe auch Tabelle 3, Seite 70)

BEISPIEL[104]: Eine Lampe der Farbe 840 (mit Dreibandenleuchtstoff) und 36 Watt Leistung (Osram Lumilux T8) erreicht einen Lichtstrom von ca. 3.350 Lumen. Die entsprechende Lampe der Farbe 940 (mit Fünfbandenleuchtstoff) (Lumilux De Luxe) erreicht 2.900 Lumen.

EXPERTE[105]: Vollspektrum-Leuchtstofflampen erreichen ca. 80 % der Lichtausbeute von Dreibandenlampen. Obwohl 92 bis 99 % davon als Wuchslicht (PAR) verwendet werden kann, können die zusätzlichen Banden den Verlust an Lichtstrom nicht wettmachen. Für die Photosyntheseleistung entscheidet nur die Intensität an photosynthetisch aktiver Strahlung (PAR).

Vollspektrumlampen haben allerdings den besseren Farbwiedergabeindex (R_a ≥ 90), wenn es darauf ankommt, Farben zu beurteilen. Die bessere Farbwiedergabe geht zu Lasten der Intensität. Das gilt für Fünfbandenleuchtstofflampen ebenso wie für Vollspektrum-High-Power-LEDs. Dreibanden-Leuchtstofflampen schneiden im Hinblick auf den erzielbaren Lichtstrom (PAR) merklich besser ab.

Für Photosynthese genügt theoretisch eine intensive Wellenlänge, sofern sie zum Spektralbereich der PAR gehört. Dabei kommt es nur auf die Photonendichte (PPFD) an, nicht jedoch auf bestimmte Wellenlängen der Photonen. Pflanzenlampen mit Rot und Blau beweisen es (siehe unten)!

Das „sonnengleiche Licht“ (bzw. seine sehr gute Farbwiedergabe durch Vollspektrum) hemmt den Algenwuchs ebenso wenig wie „Algenlöcher“ im Spektrum. Verminderter Algenwuchs nach der Umstellung auf Vollspektrumlampen ist eher auf den schwächeren Lichtstrom als auf das Vollspektrum zurückzuführen. Dabei ist nicht auszuschließen, dass die schwächere Beleuchtung sogar zu einer Erholung von unter Lichtstress stehenden Pflanzen führt und weniger Engpässe in der Versorgung der Pflanzen verursacht. Dann hemmen gesündere Pflanzen den Algenwuchs.

---

[104] vgl. Wikipedia, https://de.wikipedia.org/wiki/Leuchtstofflampe

[105] vgl. Miehle-Huang, Robert (2009): Sehlicht versus Wuchslicht. Teil III: Ergebnisse. https://www.hereinspaziert.de/Sehlicht_2009/Ergebnisse.htm

TIPP: „Dreiband besser für die Pflanzen, Vollspektrum besser fürs Auge.“ [106] Vollspektrum- oder Fünfbandenleuchtstofflampen haben ca. 20 % weniger Lichtausbeute als Dreibandenlampen. Folglich bringt der beste CRI für Pflanzen keine erkennbaren Vorteile gegenüber billigeren Dreibandenlampen.

Eine geringere Lichtausbeute kann jedoch dort von Vorteil sein, wo die Pflanzen bereits unter Lichtstress und Versorgungsengpässen leiden.

Auch wenn es viele Aquarianer nicht gerne hören: Algen sind auch nur „Pflanzen“. Grünalgen haben nicht nur einen ähnlichen Lichtbedarf wie höhere Pflanzen, sondern auch ein ähnliches Absorptionsspektrum. Algenhemmendes Licht würde daher immer auch den Pflanzen schaden.

4.3.3 Pflanzenlicht – rot und blau

Im Gartenbau werden Lampen mit rotem und blauem Licht eingesetzt, sogenannte Pflanzenlampen, um Keimung, Wachstum, Blüte und Reifung zu steuern, aber auch um Photosynthese und Wachstum anzukurbeln.

> EXPERTE[107]: „Die Aquarianer können für sich in Anspruch nehmen, die violettfarbigen Pflanzenlampen für die Aquaristik entdeckt zu haben. Alles in allem ein zweifelhafter Verdienst, denn just diese Entdeckung brachte für das Aquarium nur Probleme [gemeint sind Blaualgen] mit sich.“

Die meisten einschlägigen Studien über Pflanzenlampen wurden an landwirtschaftlichen Nutzpflanzen durchgeführt. Daher lassen sich die Ergebnisse nicht ohne weiteres auf Aquarienpflanzen übertragen, wie die folgenden M&M über Photosynthese und Photomorphogenese zeigen werden.

---

[106] Ratgeber Licht im Aquarium. Eheim, Seite 7. https://eheim.com/media/pdf/77/ed/21/Ratgeber_EHEIM_Licht_2019_D.pdf

[107] Horst, Kaspar, Kipper, Horst (1978): Das perfekte Aquarium. Tetra, Melle, 2. Auflage, S. 22.

Photosynthese – In drei Schritten zum modernen Wissen

Pflanzen nutzen einen Teil der Sonnenstrahlung, die sogenannte photosynthetisch wirksame Strahlung (Photosynthetically Active Radiation PAR) als Energiequelle für Photosynthese. [Ein leicht verständliches Modell der Photosynthese wird für Band 7 vorbereitet.] Mit Pigmenten in ihren Blättern können sie verschiedene Wellenlängenbereiche der Strahlung absorbieren. Spezielle Pflanzenlampen sollen die Farben der Absorptionsspektren erzeugen und die Pflanzen zu maximaler Photosynthese und Wachstum bzw. im Aquarium zu maximaler Sauerstofferzeugung anregen.

(1) Frühe Laborexperimente (z. B. von *T. W. Engelmann* in 1882) mit Algen und Bakterien zeigten maximale photosynthetische Aktivität (in Form von Sauerstoffbildung) unter rotem und violettem Licht. In diesem Spektralbereich liegen auch die Absorptionsmaxima von Chlorophyll, getrennt durch die sogenannte ‚Grünlücke'. Grün wurde daher anfänglich als irrelevant für die Photosynthese und für Pflanzen generell betrachtet. Daraus folgern Aquarianer noch heute, ihr Aquarium mit einer unnatürlich pinkfarbigen Lampe beleuchten zu müssen.

M&M: Pflanzen wachsen besser unter Pflanzenlampen.

Bulbs "with large spikes in the area of 430 nm to 460 nm (blue spectrum) and 645 nm to 665 nm (red spectrum) will provide the right colors to grow your plants well, and another spike in the 500 to 600 nm region (yellow/green spectrum) will produce a nice daytime effect in your aquarium." [108]

Krause empfiehlt, für Aquarienpflanzen Lampen mit erhöhtem Rotanteil, sogenannte „Warmtonlampen" (2.700 oder 3.000 K) zu verwenden oder zumindest mit „Tageslicht" (6.000 K) oder „Weiß" (4.000 K) zu kombinieren. „Gerade für Pflanzen im Aquarium ist ein hoher Rotanteil ganz besonders wichtig, weil rotes Licht vom Wasser stark absorbiert wird." [109]

---

[108] Maddocks, Lea: Setting Up a Successful Low-Tech Planted Tank like a Pro, Part 1: The Basics. Tropical Fish Hobbyist TFH Magazine, a Central Garden & Pet Company (USA), https://www.tfhmagazine.com/articles/aquatic-plants/setting-up-a-successful-lowtech-planted-tank-like-a-pro-part-1-the-basics-full-article

[109] Krause, Hanns-J. (2004): Handbuch Aquarientechnik. Bede, 4. Auflage, Seite 69+82.

Beispiel: ***„Osram Fluora“***
„Röhre mit hoher Strahlung im blauen und roten Spektralbereich [2.500 K Extra Warmweiß]. Das Pflanzenwachstum wird gefördert." [110]

> EXPERTE[111]: „Spezielle ‚Pflanzenröhren‘ (wie *Osram Fluora, Sylvania GRO-LUX, Dennerle Trocal Color Plus, Sera Plant Color, Juwel Colour, JBL Solar Color, Hagen Flora Glo* ...), deren spektrale Strahlungsverteilung dem Photosynthesespektrum von Pflanzen nahekommt, sind aufgrund des geringen physikalischen Wirkungsgrades, der schlechten Farbwiedergabeeigenschaften [Blau und Rot] und ihrer geringen Lebensdauer nur bedingt empfehlenswert.“

> EXPERTE[112]: „Nach den Erfahrungen der Verfasserin hat sich bei den T5-Lampen als alleinige Lichtfarbe eine Farbtemperatur von 4.000 K bewährt oder eine Kombination aus 2.700 und 6.500 K. Sogenannte ‚Pflanzenstrahler‘ sollten aufgrund ihres einseitigen Spektrums und unnatürlicher Farbwiedergabe nicht als alleinige Beleuchtung verwendet werden.“

In Versuchen wuchsen die Grünalgen unter solchen Pflanzenstrahlern am besten.

> EXPERTE[113]: „Gerade Grünalgen können sich auf Grund ihrer Pigmentierung rascher an das wachstumsfördernde Licht gewöhnen als die höheren Pflanzen.“

Die Farben der Absorptionsspektren, unter welchen die Pflanzen mehr Sauerstoff erzeugen, wurden werbewirksam zu einem Wuchsspektrum (Photosynthetically Useful Radiation PUR) zusammengefasst, das Pflanzenlampen auszeichnen soll.

---

[110] Osram Fluora. Aquaristikshop, Happy Diskus, e.Kfr. (Deutschland), https://www.aquaristikshop.com/aquaristik/Osram-Fluora/578010/

[111] Orndorff, Bastian: Aquarium - Tipps. https://www.aq-technik.de/Aquarium-Tipps/aquarium-leuchten-kombination.html

[112] Kasselmann, Christel (2006): Pflanzenaquarien gestalten. Kosmos, 2., aktualisierte Auflage, Seite 15.

[113] Sauer, Karlheinz, Steck, Bernhard, Schuchart, Hartwig, Horn, Hans-Georg (2004): PraxisRatgeber Vivarienbeleuchtung. Chimaira, Frankfurt am Main, Seite 68.

M&M: Pflanzen können grünes Licht nicht für Photosynthese nutzen.

„Mit den Absorptionsmaxima der Photosynthesepigmente kann auch die grüne Farbe der Pflanzen erklärt werden: Während das rote und das blaue Licht fast vollständig absorbiert werden, werden das grüne und gelbe Licht remittiert oder durchgelassen." [114] (Letzteres sei daher in Pflanzenlampen überflüssig.)

„There is a myth that is widely propagated on the Internet that claims plants do not use green light. Many companies promote their magical growth spectrum by publishing the commonly-referenced Chlorophyll A and B absorption spectrum chart. Armed with this chart, they mention that plants are green, so plants reflect green light from the full-spectrum light source." [115]

> EXPERTE[116]: "Don't be fooled by a company that claims to have a „magical growth spectrum! [...] Be cautious of a company that spends too much time talking about their special spectrum (especially if they do not spend equal effort in publishing their delivered PAR measurements)."

Ob auch Aquarienpflanzen Pflanzenlampen mit bestimmten Lichtfarben oder Lichtspektren bevorzugen, kann hier nicht abschließend geklärt werden. Sie scheinen aber anpassungsfähig zu sein, und zwar umso besser, je langsamer sie wachsen und umso weniger, je höher ihr Lichtbedarf ist.

(2) In neueren Untersuchungen an vollständigen Blättern mit ihrer komplexen Zellstruktur konnten neben Chlorophyll weitere lichtabsorbierende Pigmente (wie die sogenannten Carotinoide) nachgewiesen werden, die auch Grün/Gelb absorbieren (immerhin bis zu 75 %). Das Absorptionsspektrum musste daher um diese Wellenlängen ergänzt werden. Folglich wurde auch das Wirkungsspektrum (PUR) in den grünen Bereich ausgedehnt. Doch Grün wurde weiterhin unterschätzt.

---

[114] Wikipedia, https://de.wikipedia.org/wiki/Engelmannscher_Bakterienversuch

[115] How To Compare Grow Lights. Fluence (USA), https://fluence.science/science-articles/how-to-compare-grow-lights/

[116] How To Compare Grow Lights. Fluence (USA), https://fluence.science/science-articles/how-to-compare-grow-lights/

(3) In-situ-Versuche an lebenden Pflanzen unter natürlichem, starkem, weißem Licht haben schließlich ergeben, dass Grün unter Starklicht photosynthetisch sogar effizienter ist als Rot und Blau.

> EXPERTE[117]: Da Grün nicht so stark absorbiert wird, kann es tiefer in Blätter eindringen und mehr Chloroplasten zu Photosynthese anregen, während der Sättigungspunkt (die Photosynthesekapazität) für Rot und Blau längst überschritten ist.

Entgegen früheren Meinungen gilt heute als anerkannt, dass Pflanzen das gesamte Wellenlängenspektrum im sichtbaren Bereich (400–700 nm) für Photosynthese nutzen. Rot und Blau werden stark an der Blattoberfläche absorbiert, während Grün tiefer eindringen kann und erst von tiefer liegenden Chloroplasten absorbiert wird. Dies ist vor allem in starkem Tageslicht von Bedeutung, wo die äußeren Chlorplasten rasch den Lichtsättigungspunkt für Rot und Blau erreichen. Zusätzliche Photosynthese ist dann nur noch mit dem grünen Licht möglich.

Lichtgesättigte Pigmente absorbieren zwar weiterhin Rot und Blau. Die Pflanzen können die zusätzliche Energie jedoch nicht mehr für noch mehr Photosynthese nutzen, sondern leiten sie als Wärme ab (Photorespiration). Im Extremfall werden die Chloroplasten geschädigt (Photoinhibition). Wenn nützliche Strahlung zur Gefahr für die Pflanzen wird, verliert die Lampenkennzahl PUR ihre Bedeutung.

> EXPERTE[118]: "Commercial firms that market their aquarium lights as having more PUR have no accuracy to their claims – its purely a marketing gimmick. PUR is neither linearly measurable nor is plant specific..."

---

[117] vgl. Terashima, Ichiro et al. (2009): Green Light Drives Leaf Photosynthesis More Efficiently than Red Light in Strong White Light: Revisiting the Enigmatic Question of Why Leaves are Green. Plant and Cell Physiology, 50/4, Seite 684–697, https://doi.org/10.1093/pcp/pcp034 (alternativ: https://academic.oup.com/pcp/article/50/4/684/1908367)

[118] Wong, Dennis (2019): Which part of the light spectrum is used for photosynthesis? 2Hr Aquarist Pte. Ltd. (Singapur), https://www.2hraquarist.com/blogs/light-3pillars/light-wavelength-indepth

Die Wirkungsspektren (PUR) hängen auch von den Pflanzenarten sowie von den Umweltbedingungen (wie z. B. starkes weißes Licht) ab.

Analog zu tieferen Schichten in einzelnen Blättern kann Grün auch tiefer in ein Bätterdach eindringen als Blau und Rot und somit auch Pflanzen im Schatten mit Energie versorgen.

Auch im Wasser findet selektive Absorption von Licht statt. Reinstwasser hat ein Absorptionsminimum im Wellenlängenbereich des sichtbaren Lichtes. Daher erscheint Wasser normalerweise farblos. Innerhalb des sichtbaren Lichts werden rote Wellenlängen etwa 100mal stärker absorbiert als blaue. Daher bleibt von einem weissen Spektrum nach einer entsprechenden Wegstrecke durch Wasser nur noch der blaue Anteil übrig. Für das menschliche Auge wird dieser Absorptionseffekt erst nach ca. 10 Meter Wassertiefe klar erkennbar (z. B. beim Tauchen). Enthält das Wasser Gelbstoffe (DOC), absorbieren diese vorzugsweise kurzwelliges, blaues Licht, wodurch sie dem Wasser einen Gelbstich verleihen.

Auf die Farbveränderung im Aquarienwasser hin zum grün-gelben Bereich hat bereits *Krause*[119] hingewiesen, ohne jedoch die richtigen Schlüsse zu ziehen. (Er wollte den fehlenden Rotanteil ersetzen.)

> EXPERTE[120]: „Aquatic plants may have adapted their photosynthetic machinery (over the course of evolution) to use green-yellow light fairly efficiently. Thus, the assumption that aquatic plants grow best with full-spectrum light may not be valid."
>
> In einem Experiment produzierten Wasserpflanzen mit gewöhnlichen ‚Cool-White'-Lampen (mit Dreibandenspektrum) mehr Sauerstoff als mit Vollspektrum-Pflanzenlampen. Nur die Kombination aus beiden ergab eine noch bessere Photosyntheserate. Die Cool-White-Lampen emittierten nicht nur 13 % mehr PAR. Die Wasserpflanzen konnten offensichtlich auch den Peak im gelbgrünen Bereich besser nutzen als bisher gedacht.

---

[119] Krause, Hanns-J. (2004): Handbuch Aquarientechnik. Bede, 4. Auflage, Seite 69.

[120] Walstad, Diana (2003): Ecology of the Planted Aquarium. Echinodorus Publishing, 2. Ausgabe, Seite 181.

TIPP: Photosynthetisch aktive Strahlung (PAR) umfasst das gesamte Spektrum zwischen 400 und 700 nm. Selbst ultraviolettes (<400 nm) und infrarotes (>700 nm) Licht dürfte noch pflanzenphysiologische Effekte haben. Das ganze PAR-Spektrum kann praktisch von verschiedenen Pigmenten absorbiert und situationsbezogen auch für Photosynthese genutzt werden.

Photomorphogenese

Während das gesamte PAR-Spektrum für die Energieerzeugung und Photosynthese genutzt werden kann, wirken einzelne Wellenlängen über Lichtrezeptoren auch auf das Hormonsystem der Pflanzen. Mit diesen Wellenlängen (vor allem UV, Blau und Rot) kann die Wuchsform von Pflanzen beeinflusst werden.

Beobachtungen von Photomorphogenese beruhen auf Experimenten mit landwirtschaftlichen Nutzpflanzen in Gewächshäusern. Für Unterwasserpflanzen gelten jedoch ganz andere Bedingungen.

M&M: Mit spezifischen Wellenlängen lässt sich die Wuchsform der Pflanzen im Aquarium beeinflussen.

Blaulicht wird von höheren Pflanzen wie Starklicht gewertet (Mittagslicht hat einen besonders hohen Blauanteil), während sie auf erhöhten Rotanteil (>700 nm) wie auf Schwachlicht reagieren. [121]

„Zu stark rotbetontes Licht [niedrige Farbtemperatur] führt zu übermäßigem Längenwachstum, während zu stark blaubetontes Licht [hohe Farbtemperatur] die Pflanzen allzu gedrungen wachsen läßt.“ [122] Die optimale Farbtemperatur liegt im Bereich 3.500 bis 4.000 K.

---

[121] vgl. Sauer, Karlheinz, Steck, Bernhard, Schuchart, Hartwig, Horn, Hans-Georg (2004): PraxisRatgeber Vivarienbeleuchtung. Chimaira, Frankfurt am Main, Seite 142.

[122] Keppler, Rainer (2009): Richtige Aquarienbeleuchtung mit JBL Solar. Was - Wie - Warum? JBL Heft 7, 4. Auflage, Seite 6, https://www.jbl.de/?mod=files&func=show&id=8879

(a) Lange, oft auch kahle Stengel im Aquarium werden kaum von rotem Licht verursacht und können auch nicht mit blauem Licht unterdrückt werden. Die Ursache liegt eher in zu schwachem Licht, auch erkennbar am Vergrünen roter Blätter. Sobald die Wasseroberfläche erreicht ist, wird die Bildung von Blüten angeregt (verständlicherweise nicht schon unter Wasser), auch ohne Rotlicht. Für Pflanzen mit Überwasserblättern ergibt sich zudem der Zugang zum atmosphärischen CO_2 und Sauerstoff.

> EXPERTE[123]: "Things such as stem elongation are determined more by gaseous exchange (access to O_2/CO_2) than by blue shift in lighting. Similarly, flowering cycles for aquatic plants are triggered by access to surface air rather than red spectrum, for practical purposes."

(b) Rotes Licht fördert eine stärkere Pigmentierung (=Rotfärbung) der Blätter in manchen Arten. Darüber hinaus dienen farbige Lampen eher für Spezialeffekte im Aquarium.

TIPP: Für die Aquarienbeleuchtung kommen praktisch alle Weißlichtlampen infrage, sofern sie ausreichende Intensitäten der PAR liefern. Zum Umfang der PAR gehört auch Grün. Darüber hinaus dient Grün für eine ausgewogene Farbwahrnehmung, damit die Unterwasserwelt nicht blau-, rot- oder rosastichig erscheint.

Zusätzliche rote und blaue LEDs oder violette Röhren verstärken den Farbeindruck von roten oder stark pigmentierten Pflanzen und regen die Pigmentierung an.

Die meisten Pflanzen und Aquarianer gewöhnen sich nach einer Umstellungsphase an ein neues Spektrum, und die Spezialeffekte verlieren ihren Reiz.

Eine Besonderheit soll nicht unerwähnt bleiben: Meerwasseraquarien sind in der Regel in tiefblaues, Licht (‚actinic blue', königsblau) getaucht, um die Stimmung in größerer Wassertiefe zu simulieren.

---

[123] Wong, Dennis (2019): Which part of the light spectrum is used for photosynthesis? 2Hr Aquarist Pte. Ltd. (Singapur), https://www.2hraquarist.com/blogs/light-3pillars/light-wavelength-indepth

EXPERTE[124]: “The habit has largely persisted for aesthetic reasons, but as this approach seems to be, at worst, harmless and can look very interesting, particularly when blue lighting is used for dawn and dusk transitions, before and after the main lamps come on, it's not surprising that it remains popular.”

Aktinisches Licht weist Wellenlängen zwischen 400 und 480 nm auf. Als Farbtemperatur werden gelegentlich 14.000 bis >20.000 K angegeben. Dieses Licht kann die natürliche Fluoreszenz in Korallen verstärken, sollte jedoch nicht die einzige Lichtquelle im Riffaquarium sein, sondern mit weißem Licht kombiniert werden. Monochromatische aktinische LEDs werden auch als Nachtlicht verwendet. Denn Mondlicht wird von vielen fälschlich für blaues Licht gehalten.

4.3.4 Mondlicht

Mondzyklen spielen bei der Fortpflanzung von Korallen und marinen Fischen eine Rolle. Im Süßwasseraquarium erfüllt Mondlicht vorwiegend ästhetische Ansprüche des Betrachters. Wissenschaftliche Beweise für die Nützlichkeit gibt es bislang nicht.

M&M: “Moonlight is just blue light.” [125]

Ein LED-Mondlicht emittiert im blauen Spektrum bei ca. 450 nm.

EXPERTE[126]: “Moonlight actually contains the full spectrum of colours, and has even been found to be comprised of more red and orange light than daylight.”

EXPERTE[127]: Die Lichstärke in einer hellen Mondnacht wird mit etwa 0,5 bis 1 lux angegeben.

---

[124] Hunt, Philip: Marine Aquarium Basics, Part 4: Lighting. Tropical Fish Hobbyist TFH Magazine, a Central Garden & Pet Company (USA), https://www.tfhmagazine.com/articles/saltwater/marine-aquarium-basics-full-article

[125] Moonlight: Much More Than Just Blue Light. (2015) iQuatics Ltd (UK), https://www.iquaticsonline.co.uk/moonlight-much-just-blue-light/

[126] Moonlight: Much More Than Just Blue Light. (2015) iQuatics Ltd (UK), https://www.iquaticsonline.co.uk/moonlight-much-just-blue-light/

Im Vergleich dazu leuchten handelsübliche ‚Mondlichter' viel heller als der Mond. Damit besteht die Gefahr, dass sie den Tag-Nacht-Rhythmus der Tiere und Pflanzen durcheinander bringen.

> EXPERTE[128]: „Die Pflanzen richten ihren Stoffwechselrhythmus nicht an der Länge der Beleuchtungsphase, sondern der Länge der Dunkelphase aus. Während eine selbst mehrstündige Unterbrechung der Hellphase keinen Einfluß hat, reicht bereits kurzzeitiges, nur minutenlanges Licht in Vollmondstärke während der Dunkelphase, um den Rhythmus zu stören (nach *Sitte/Ziegler/Ehrendorfer/Bresinsky*, ‚Strasburger Lehrbuch der Botanik'). Das so in Mode gekommene ‚Mondlicht' oder ‚Nachtlicht' bewerte ich in dieser Hinsicht wesentlich kritischer, zumal die oft dazu verwendeten superhellen LEDs ein Vielfaches der Vollmondstärke erreichen."

Ein ‚Mondlicht' kann sich für besonders ängstliche Fische als hilfreich erweisen, für welche es auch in der Nacht nie stockdunkel werden soll. Andernfalls könnten sie beim plötzlichen Einschalten des (Raum-)Lichts gegen die Scheiben stoßen oder sogar aus dem Becken springen.

TIPP: „In der Nacht ist eine sehr schwache Raumbeleuchtung von Vorteil. Sie erlaubt den Fischen eine Orientierung." [129] Dazu genügen vorhandene Lichter wie Leuchtdioden von Elektrogräten.

---

[127] vgl. Sauer, Karlheinz, Steck, Bernhard, Schuchart, Hartwig, Horn, Hans-Georg (2004): PraxisRatgeber Vivarienbeleuchtung. Chimaira, Frankfurt am Main, Seite 82.

[128] Miehle-Huang, Robert: Mythen und Legenden, Teil III: Die ‚Mittagspause'. http://hereinspaziert.de/Mythen/Mittagspause.htm

[129] Arbeitskreis 8 (Zoofachhandel und Heimtierhaltung) (Hrsg.) (2015): Merkblatt Nr. 37. Checkliste zur Überprüfung von Süßwasser-Zierfischhaltungen im Zoofachhandel. Tierärztliche Vereinigung für Tierschutz e.V. Seite 7.
Download auf https://www.tierschutz-tvt.de/alle-merkblaetter-und-stellungnahmen/

4.4 Lichtmenge, Beleuchtungsstärke und –dauer im Aquarium

Je mehr Röhren oder LEDs nebeneinander angeordnet werden, desto besser leuchten sie auch Schatten von Pflanzen oder Einrichtung aus. Dies erfordert Lampen über die ganze Beckenlänge sowie eine Leuchtstoffröhre pro 15 cm Beckenbreite, pro 30 cm eine LED-Leiste. Auch höhere Becken (ab 40 cm) brauchen mehrere Röhren nebeneinander. Mit Reflektoren kann der Großteil der Lichtleistung von Leuchtstoffröhren in das Aquarium geleitet werden.

Durch Überlappung der Lichtkegel kann die Lichtintensität gleichmäßiger verteilt werden. In den sich überlappenden Lichtkegeln zwischen zwei Lampen verdoppelt sich die Lichtdichte (Photonendichte). Umgekehrt nimmt die Photonendichte im Wasser sowohl mit der Tiefe als auch mit dem Einfallswinkel rasch ab. Absorption, Streuung oder Abschattung beeinflussen die faktische Beleuchtungsstärke in situ zusätzlich. Nur an der Wasseroberfläche unmittelbar unter der Lampe ist die Beleuchtungsstärke maximal. Die geringsten Werte misst man auf der Substratoberfläche in den Randbereichen.

Mit den Leuchtstoffröhren über den Aquarien kamen auch die Daumenregeln für die Anzahl der benötigten Röhren. Daumenregeln wie Watt/Liter (W/l) oder Lumen/Liter (lm/l) setzen voraus, dass die Lichtquelle das Volumen gleichmäßig ausleuchtet. Andernfalls erhält man nur Durchschnittswerte, die kaum der Wirklichkeit im Becken entsprechen.

DAUMENREGEL: Die erforderliche Lampenanzahl lässt sich mit den Kennzahlen in Tabelle 4 und den Herstellerangaben über den Daumen schätzen. Dabei gilt, dass eine T5-HO etwa zwei T8 oder einer LED-Leuchte entspricht (siehe Tabelle 3, Seite 70).

In Tabelle 4 wird der alte Richtwert W/l mit dem neuen Richtwert lm/l verglichen und empirischen Messwerten der Beleuchtungsstärke gegenübergestellt.

Tabelle 4: Richtwerte für die Lichtleistung und Beleuchtungsstärke im Aquarium

Tropica[130]	Watt/Liter (T5)	Lumen/Liter (LED)	Lux*	PAR/PPFD**[131] µmol/m²/s
„Easy"-Pflanzen (Schwachlicht)	0,25–0,5	10–20	1.000–2.000	15–30
„Medium"-Pflanzen	0,5–1	20–40	2.000–4.000	30–60
„Advanced"-Pflanzen (Starklicht)	≥1	>40	>4.000	60–150

*) Helligkeit an der Blattoberfläche; **) Photonenflussdichte über dem Substrat

Watt/Liter

W/l war der gebräuchlichste Indikator dafür, wieviele Röhren (mit bestimmter Wattzahl) für das jeweilige Becken benötigt wurden.

DAUMENREGEL[132]: „Bei Aquarien bis zu einer Höhe von 50 cm hat sich die Faustformel 0,3 bis 0,5 Watt pro Liter Beckenvolumen bisher gut bewährt."

Lumen/Liter

Lumenangaben für Lampen können nicht direkt verglichen werden, sondern müssen auf den Abstrahlwinkel (z. B. 360° mit/ohne Reflektor oder nur 120°) bezogen werden. Eine Leuchte ist für Pflanzen dann ausreichend, wenn sie soviel Licht ins Aquarium abstrahlt, dass die für dieses Becken ausgewählten Pflanzen zur Photosynthese angeregt werden und wachsen.

DAUMENREGEL: Eine Leuchte, die eine Helligkeit von 30 lm/l ins Aquarium bringt, ist für ein Gesellschaftsaquarium ohne CO_2-Anlage völlig ausreichend.

---

[130] Licht im Pflanzenaquarium. Ratgeber, Tropica Aquarium Plants A/S (Dänemark), https://tropica.com/de/ratgeber/erfolg-mit-ihrem-aquarium/licht-im-pflanzenaquarium/

[131] vgl. Wong, Dennis (2025): Algae Control 101: How to prevent algae in an aquarium? The 2Hr Aquarist Pte. Ltd. (Singapur), https://www.2hraquarist.com/blogs/algae-control/prevent-algae-growth

[132] Orndorff, Bastian: Aquarium – Technik zum Einstieg. https://www.aq-technik.de/Aquarium-Einstieg/aquarium-beleuchtung.html

INFO von Fotografen:

Folgende Blendenzahlen dienen zur Orientierung:

- f/2,8–4 / Schatten bei 1.500 bis 3.000 Lux
- f/5,6–11 / Tageslicht bei 6.000 bis 25.000 Lux
- f/16–22 / volle Sonne bei etwa 45.000 bis 100.000 Lux

Lux

DAUMENREGEL: „Für eine Aquarienbeleuchtung im Süßwasserbereich sollten in der Mitte eines Aquariums über der Wasseroberfläche mindestens 10.000 lx zur Verfügung stehen.“ [133]

Diese Regel gilt unter zwei T8-Leuchtstofflampen. Mit zwei T5-HO lässt sich dieser Wert fast verdoppeln, mit Reflektoren mehr als verdreifachen.[134] 30.000 lx auf der Wasseroberfläche gelten für Starklichtbecken und müssen mit einer CO_2-Anlage kombiniert werden.

Die Gefahr der Unterbelichtung besteht eher in hohen Becken mit einer Wasserhöhe von mehr als 50 cm. Denn für ein gutes Pflanzenwachstum bedarf es mindestens 1.000 lx auf der Blattoberfläche (auch auf dem Beckengrund). Für Starklichtbecken mit über 50 cm Höhe waren daher T5-HO die Lampen der Wahl.

PAR/PPFD

DAUMENREGEL: Hersteller von LED-Pflanzenleuchten empfehlen eine PAR (eigentlich PPFD!) von 30 bis 50 µmol/m²/s auf der Substratoberfläche. Das sollte für die meisten Arten in einem Gesellschaftsaquarium genügen. Mehr als 200 µmol/m²/s ist für praktisch keine Unterwasserpflanzenart erforderlich, da in diesem Bereich bereits Lichtsättigung auftreten kann.

ACHTUNG: Herstellerangaben für PAR unterliegen keinem standardisierten Messverfahren und können sich daher auf unterschiedliche Abstände zur Lampe unter Wasser oder in Luft beziehen.

---

[133] Sauer, Karlheinz, Steck, Bernhard, Schuchart, Hartwig, Horn, Hans-Georg (2004): PraxisRatgeber Vivarienbeleuchtung. Chimaira, Frankfurt am Main, Seite 66.

[134] vgl. Pflanzen Trilogie. Teil I: Einführung, Photosynthese und Beleuchtung. Easy Life International BV (Niederlande), https://www.easylifeaquarium.de/publikationen/pflanzen-trilogie/pflanzen-trilogie-teil-1

Für die Auswahl der geeigneten Aquarienbeleuchtung orientieren wir uns nicht mehr vorwiegend am Stromverbrauch, sondern an technischen Angaben wie Lumen und PAR. Doch wie rechnet man Lumen in PAR um?

Antwort 1: Gar nicht. Beide Größen beruhen auf unterschiedlichen Konzepten, sodass es keine physikalisch-mathematische Umrechnungsformel geben kann.

Antwort 2: Mehr Lichtintensität bewirkt auch mehr Beleuchtungsstärke und tendentiell mehr PAR, sagt der Hausverstand. Je heller ein Leuchtmittel (mit mehr Lumen), desto stärker wird eine Oberfläche beleuchtet (sowohl in Lux für das menschliche Auge als auch in PAR/PPFD für Pflanzen).

Dennoch kann kaltes Licht, das uns heller erscheint (und daher mehr Lumen hat), weniger PAR aufweisen als wärmeres. Die Lumenzahl gibt eben nicht den Energiegehalt des Lichts wieder, der für die Photosynthese relevant ist, sondern nur die Helligkeit, wie sie das menschliche Auge empfindet. Dieses nimmt verschiedene Farben unterschiedlich hell wahr (grün heller als rot oder blau).

> EXPERTE[135]: „Lumen- und Luxwerte kann man theoretisch in PAR umrechnen. Dafür sind aber für jede Wattstärke jeder Lichtfarbe jedes Herstellers wieder andere Faktoren einzusetzen. Diese sind zum großen Teil nicht bekannt und müssten erst ermittelt [...] werden."

Die menschliche Helligkeitswahrnehmung und die Wirkung desselben Lichts auf die Photosynthese in Pflanzen lässt sich folgendermaßen vergleichen:

sichtbares Licht	PAR (Photosynthetically Active Radiation)
elektromagnetische Strahlung mit Wellenlängen von 400 bis 700 nm	
Lumen	**PPF (Photosynthetic Photon Flux)**
Helligkeit einer Lichtquelle	Menge der von einer Lichtquelle emittierten Photonen im Energiebereich der PAR pro Sekunde (in µmol/s)
Lux	**PPFD (Photosynthetic Photon Flux Density)**
Helligkeit einer beleuchteten Oberfläche (in lm/m^2)	Dichte des auf einer Oberfläche auftreffenden PPF; Das ist der Wert, der von einem PAR-Meter gemessen wird (in $µmol/m^2/s$).

[135] Kramer, Hans-Georg (2009): Pflanzenaquaristik à la Kramer. Tetra, Seite 40.

Nur wer diese Kennzahlen versteht, kann verschiedene Produktbeschreibungen vergleichen und eine informierte Kaufentscheidung treffen. Die anderen sind den Marketingsprüchen ausgeliefert.

> EXPERTE[136]: "Many manufacturers realize this can be a confusing topic, so it is very easy for companies to mislead potential customers with exaggerated marketing claims, misleading information, and by showing a limited set of (or using blatantly wrong) metrics. However, once you understand the differences in these metrics, you will be able to cut through all the 'marketing' and 'hype' and simply ask manufacturers to provide the data you need to successfully compare lighting fixtures."

Zuviel oder zuwenig Licht?

Mit fortschreitender Technologie wurden die Leuchten immer lichtintensiver. Das führte zu immer stärkerem Pflanzenwuchs im Aquarium, in der Folge aber auch zu Mangelerscheinungen und Algenplagen.

M&M: Die Aquarienbeleuchtung kann nie zu stark sein.

„Zuviel Licht über dem Aquarium hat (den meisten) Aquarienpflanzen noch nicht geschadet, zu wenig Licht dagegen schon!" [137]

Im Aquarium kann man nie zuviel Licht haben, da es nie so stark wie in der freien Natur sein wird. In den Tropen scheint den ganzen Tag die Sonne, mit über 100.000 Lux und 12 Stunden pro Tag. Mit künstlicher Beleuchtung können wir nur den Lichtmangel minimieren.

Trotz technischem Fortschritt erreicht künstliche Beleuchtung nicht die Lichtstärke eines sonnigen Tages. Diese ist jedoch für ein Aquarium gar nicht erforderlich.

---

[136] How To Compare Grow Lights. Fluence (USA), https://fluence.science/science-articles/how-to-compare-grow-lights/

[137] Vierke, Jörg, Gering, Claus-Peter (2009): Aquarium. Gestaltung und Pflege, Fische und Pflanzen. Franckh-Kosmos, Stuttgart, Seite 130.

Auch in der Natur müssen die Pflanzen mit weit weniger Licht als in der prallen Mittagssonne auskommen:

- Flüsse führen nicht immer Klarwasser. Trübstoffe und gelöste Farbstoffe (z. B. Huminsäuren/Gelbstoffe) absorbieren viel Licht, vor allem im blauen Bereich.
- Wo dichter Wald Flüsse und Seen säumt, werden die Ufer beschattet.
- Schwimmpflanzen lassen nur wenig Licht in das Wasser eindringen.
- Tropische Gewitter und bewölkter Himmel können das Sonnenlicht zumindest über mehrere Stunden beträchtlich reduzieren.

Die Absorption nimmt mit zunehmender Eindringtiefe exponentiell zu. Dabei werden längere Wellenlängen (im Rotbereich) stärker absorbiert als kürzere (im Grün-Blaubereich). Auch Infrarot- und Ultraviolettstrahlung dringt nur wenige Millimeter bis Zentimeter in das Wasser ein.

Submers wachsende Pflanzen können daher allgemein als Schattenpflanzen eingestuft werden. Nur emers gewachsene Blätter können volles Sonnenlicht auch voll nutzen.

Kasselmann wendet ein, dass der Großteil der Aquarienpflanzen als Sumpfpflanzen und somit die meiste Zeit über Wasser lebt.

> EXPERTE[138]: „Reflexionen an der Wasseroberfläche sowie die Lichtabsorption im Wasser haben nur für die wenigen Wasserpflanzen eine weitreichende Bedeutung, die über längere Zeit oder dauerhaft in Tiefen von über 30 cm wachsen [wie z. B. Vallisnerien]. […] Nur wenige Arten, zum Beispiel aus den Gattungen Anubias, Crinum und Cryptocoryne, wachsen an stark beschatteten oder beschatteten Stellen."
>
> Daraus schließt sie, „dass die weitaus größte Zahl der kultivierten Aquarienpflanzen zu den lichtliebenden Gewächsen zu zählen ist, die für ein zufriedenstellendes Gedeihen im Aquarium eine hohe Lichtintensität benötigen."

---

[138] Kasselmann, Christel (2006): Pflanzenaquarien gestalten. Kosmos, 2., aktualisierte Auflage, Seite 11.

Das mag für ein Wachstum über Wasser zutreffen. Sobald solche Pflanzen Unterwasserblätter entwickeln, verhalten sie sich jedoch eher wie Schattenpflanzen, die nur einen geringen Teil des Tageslichts verwerten können.[139]

Eine moderne Beleuchtung erzeugt demnach mehr als genug Licht für den Normalfall. Nur Starklichtpflanzen brauchen Starklicht. Denn sie wollen schnell wachsen. Dafür brauchen sie ein hohes Nährstoffangebot, vor allem CO_2. War die CO_2-Anlage früher das teuerste Gadget im aquaristischen Techno-Park, so wird sie von den modernen LED-Leuchten zum Standardzubehör degradiert.

Weniger anspruchsvolle Pflanzen wachsen ohne CO_2-Düngung weniger rasch, was weniger Pflegeaufwand (Auslichten, Kürzen, Düngen usw.) bedeutet. Mit der richtigen Leuchte und Bepflanzung kann man somit auf CO_2-Düngung verzichten. In der Folge braucht man auch nicht Nitrate und Phosphate zudüngen.

TIPP: Ein Schwachlichtaquarium (30–40 µmol/m²/s) stellt zugleich ein pflegeleichtes Aquarium dar (zur Pflege siehe Band 5). Denn schattenverträgliche Pflanzen wachsen nur langsam. Sie brauchen keine CO_2-Düngung und nur wenig Pflege. Ihre Reinigungsleistung fällt dementsprechend gering aus. Daher sollte man solche Becken nur mäßig mit Fischen besetzen – was den Pflegeaufwand noch einmal reduziert.

> EXPERTE[140]: „Wird in einem Aquarium nur das Licht verstärkt, ohne daß auch das CO_2- und Nährstoffangebot angeglichen wird, kann das stärkere Licht sogar für die Pflanzen schädlich und tödlich sein. [...] Sind diese [Nährstoffe] nun rascher verbraucht oder kommt es zu einer Unterversorgung, treten Nährstoffmängel auf, die unter Umständen schädlicher sind als die vorherigen schwachen Lichtbedingungen."

Anzeichen für zuviel Licht sind eine Verkleinerung der Blätter, gedrungener, buschiger statt hoher Wuchs bis zum Wachstumsstopp, Rotfärbung der Blätter,

---

[139] vgl. Walstad, Diana (2003): Ecology of the Planted Aquarium. Echinodorus Publishing, 2. Ausgabe, Seite 146.

[140] Horst, Kaspar (1986): Pflanzen im Aquarium. Ulmer, Stuttgart, Seite 91.

Braunfärbung der Triebspitzen bis zum Schließen der Triebe. Infolge von Licht-Nährstoff-Ungleichgewichten treten Verkalkung und Veralgung der Blätter auf.

Gelegentlich wurde von Algenproblemen durch zu starkes Licht (z. B. nach der Umstellung von T8 auf T5) berichtet. Die Pflanzen können das zusätzliche Licht offensichtlich nicht in zusätzliches Wachstum umsetzen.

M&M: Starkes Licht fördert das Algenwachstum.

“Oh I've been trying to get people to use less light! And like always, if 2WPG [Watts Per Gallon] is good enough, 4WPG will make my tank look 200% better! And two weeks later, you see ‘HELP! ALGAE IN MY TANK!‘ posts.“ [141]

> EXPERTE[142]: „In diesem Zusammenhang ist anzumerken, dass die relativ neue T5-Technologie bei Leuchtstofflampen in vielen Aquarien eine enorme Zunahme der Algenprobleme bewirkt hat. Ganz einfach deshalb, weil für das plötzlich verstärkte Licht nach dem Umstieg keine Abnehmer vorhanden waren.“

Daraus folgt, dass Pflanzen nicht immer so hohe Lichtintensitäten brauchen, wie das Marketing empfiehlt. Es wäre aber falsch anzunehmen, viel Licht führte automatisch zu übermäßigem Algenwachstum. Vielmehr beginnen Algenprobleme in der Regel mit schlechtem Wachstum der höheren Pflanzen. Wenn sich die Lichtintensität plötzlich ändert, müssen die Pflanzen ihre Pigmentsysteme umstellen. Das kann tödlich enden oder eine Weile dauern. Algen sind hier wesentlich flexibler.

Können höhere Pflanzen in stärkerem Licht stärker wachsen, wird für Algen noch weniger übrig bleiben. Andernfalls werden Algen wohl stärker wachsen als zuvor.

---

[141] epicfish, #11 posted Oct. 27, 2008 on: A simple light test to show HIGH light is NOT required for nice aquascapes-Who knew? The Planted Tank Forum, https://www.plantedtank.net/forums/10-lighting/75776-simple-light-test-show-high-light-not-required-nice-aquascapes-who-knew.html

[142] Kaufmann, Bernd (2010): Algen-Fibel Aquarium. Dähne, Seite 17.

TIPP: Möchte man eine zu starke Beleuchtung reduzieren, stehen verschiedene Maßnahmen zur Verfügung wie zum Beispiel:

- reduzieren der Anzahl der Beleuchtungskörper (nicht immer möglich)
- verkürzen der Beleuchtungsdauer (nur bedingt möglich)
- dimmen (nur bei T5 mit dimmbaren EVG und LEDs möglich)
- abschatten mit Schwimmpflanzen (immer möglich)

Auch Süßwasserfische fühlen sich in der Regel in gedämpftem Licht wohler, was sie mit schöneren Farben, weniger Schreckhaftigkeit und natürlicherem Verhalten zum Ausdruck bringen.

Die Frage nach der ausreichenden Beleuchtung hat sich für Einsteiger bisher auf die Frage nach T8 oder T5 und einer oder zwei Röhren beschränkt. Günstige Einsteiger-Sets wurden zumeist nur mit einer T8 (ohne Reflektor) angeboten. Hochwertigere Komplett-Sets waren bereits mit zwei T5 ausgestattet. Damit konnten auch „Medium Plants" zufriedenstellend gepflegt werden. Bei normalem Fischbesatz war eine CO_2-Anlage nicht erforderlich. Unter solchen Bedingungen wachsen die Pflanzen zwar langsam, aber gesund und praktisch ohne Algen.

> EXPERTE[143]: „T8 fluorescents remain popular and two lamps with reflectors should be regarded as the minimum for most set-ups. In larger aquaria you can grow almost any plant with two T5 fluorescent tubes with reflectors, but you will need to add nutrients on a regular basis to help achieve healthy growth. Lower lighting also restricts nuisance algae growth. The tank is much more forgiving as regards minor maintenance lapses, such as a skipped water change or filter clean. These would otherwise be punished in a tank with high lighting and CO_2 injection."

Für pflegeleichte Pflanzen können Reflektoren bereits zuviel Intensität bedeuten. Mehr als zwei T5-Röhren für Standardbecken (mit üblicher Höhe) sind nur für Stark-

[143] Farmer, George (2009): The low-tech planted aquarium. Practical Fishkeeping Magazine, 08/2009, Warners Group Publications plc (England), http://www.practicalfishkeeping.co.uk/features/articles/the-low-tech-planted-aquarium

lichtpflanzen oder für Spezialfälle wie Aquascaping (für Foto-Shooting) erforderlich. Starkes Licht bei CO_2-Mangel kann eine photooxidative Zerstörung des Chlorophylls zur Folge haben, die die Assimilationsleistung sogar verschlechtert (siehe Band 7).

> EXPERTE[144]: „Ebenso nachteilig wie ein akuter Lichtmangel kann sich auch ein Überangebot an Lichtenergie auswirken. Es kann durch zu starke Strahlung zum Ausbleichen des Chlorophylls, Zerstörung der Chloroplastenstruktur und damit zu einer allgemein schädigenden Wirkung kommen [...] Die Schadwirkung wird z. T. durch reaktive Sauerstoffspezies hervorgerufen (=Photooxidation)."

Ohne Nährstofflimitierung kann zuviel Licht die Photosynthese stark antreiben, sodass allein die Sauerstoffproduktion (über die Redox-Spannung) das Nährstoffklima so stark verschlechtert, dass Wuchshemmung auftritt. Hohe Sauerstoff- und Redoxwerte gehen auch in der Natur oft mit starkem Algenwuchs einher, weil die höheren Pflanzen als Konkurrenten ausfallen.

TIPP: Je näher man das Aquarium an seine Grenzen bringt, desto schwieriger wird es, das System stabil zu halten. Je stärker die Beleuchtung, desto intensiver die Photosyntheseleistung und desto höher der CO_2- und Düngerbedarf. Tritt auch nur an einem Nährstoff ein Mangel auf, so beginnen die höheren Pflanzen zu kümmern, und alle anderen Nährstoffe, die noch im Überschuss vorhanden sind, aber von den Pflanzen nicht mehr genutzt werden, stehen ab sofort anspruchsloseren Arten bis hin zu den Algen zur Verfügung. Wird jetzt nicht entsprechend nachgedüngt, kommt es zur ‚Katastrophe' (Algenplage).

Man kann also sehr wohl zuviel Licht im Aquarium haben. Für Schattenpflanzen kann selbst eine moderne Standardbeleuchtung bereits zu stark sein, insbesondere wenn 12 Stunden oder noch länger mit voller Intensität beleuchtet wird.

---

[144] Sauer, Karlheinz, Steck, Bernhard, Schuchart, Hartwig, Horn, Hans-Georg (2004): PraxisRatgeber Vivarienbeleuchtung. Chimaira, Frankfurt am Main, Seite 115.

4.4.1 Photoperiode

Licht muss in ausreichender Intensität über den Tag verteilt zur Verfügung stehen, damit die Pflanzen genügend Energie in Kohlenhydraten und Proteinen speichern können, die sie in der Nacht für ihr Wachstum benötigen. Ein regelmäßiger Wechsel zwischen Licht-/Photo- und Dunkelperioden sollte dem natürlichen Rhythmus der Pflanzen nachempfunden sein. Denn Pflanzen können über Lichtrezeptoren, die auf ihr Hormonsystem wirken, Dunkel- von Hellphasen (Tag und Nacht), manche sogar Langtag von Kurztag (Jahreszeiten) unterscheiden.

M&M: Eine Beleuchtungsdauer von 12 Stunden pro Tag ist für Wasserpflanzen ideal.

Zwölf Stunden Licht, zwölf Stunden Dunkelheit. Das entspricht einem tropischen Tag und somit dem Tag-Nacht-Rhythmus tropischer Aquarienpflanzen.

„Die empfohlene Beleuchtungsdauer von 12 bis 13 Stunden darf niemals unter- oder überschritten werden. [...] Dabei müssen Sie wissen, daß eine schwache Beleuchtung niemals durch eine längere Beleuchtungsdauer oder eine zu starke durch eine kürzere Beleuchtungsdauer ausgeglichen werden kann.“ [145]

Eine Photoperiode von unter 12 Stunden kann für manche Pflanzen ‚Kurztag' bedeuten, auf den sie naturgemäß reagieren. Für die Mehrzahl der Aquarienpflanzen sind 12 Stunden intensiver Beleuchtung jedoch unnatürlich lang.

Erfahrungsgemäß gedeihen die meisten Aquarienpflanzen bei einer Photoperiode von zehn Stunden zufriedenstellend, insbesondere wenn CO_2 nicht unbegrenzt zur Verfügung steht. Schwaches Licht (z. B. mit T8) kann in gewissen Grenzen durch eine längere Photoperiode (max. 14 Stunden) ausgeglichen werden. Umgekehrt kann zu starkes Licht mit kürzerer Beleuchtungsdauer kompensiert werden. Unter starkem Licht (z. B. mit T5 und Reflektor) können bereits sechs bis acht Stunden genügen.

---

[145] Horst, Kaspar, Kipper, Horst (1978): Das perfekte Aquarium. Tetra, Melle, 2. Auflage, Seite 142+106.

TIPP: Die Mindestdauer der Photoperiode wird mit sechs Stunden angegeben. 8–10 Stunden sind bei normaler Beleuchtung und Bepflanzung völlig ausreichend.

Die Dunkelphase soll mindestens 4 Stunden dauern. Pflanzen reagieren nicht empfindlich auf Lichtunterbrechung während des Tages, sondern auf Unterbrechung der Dunkelphase in der Nacht.

4.4.2 Dimmer

Wurden Leuchtstofflampen noch mit Zeitschaltuhren (Timer) regelmäßig ein- und ausgeschaltet, so zählen digitale LED-Controller heute zu den beliebtesten Gimmicks moderner Aquarientechnik. Kaum ein anderer Zubehörteil lässt sich so effektvoll in Computer, Smartphone oder Smart Home integrieren. Im Kern handelt es sich dabei um programmierbare Dimmer.

Dimmer drosseln die Leistungsaufnahme. Dadurch sinken der Stromverbrauch und die Betriebstemperatur der LEDs. Das wirkt sich auf die Lebensdauer von LEDs positiv aus.

M&M: Mit Gewitterwolken und Blitzen wird das Wetter im Aquarium simuliert.

Um schockartige Lichtänderungen zu vermeiden, sollten Sie Sonnenauf- und Sonnenuntergang durch Auf- und Abdimmen simulieren.

Beispiel: ***„JBL LED Solar Control“*** [146]
Der JBL-Beleuchtungs-Controller ist auf eine feste Beleuchtungszeit von 10 Stunden pro Tag eingestellt. Volle „Sonne“ (mit Sonnenauf- und Untergang) gibt es für 4–10 Stunden (je nach Programm). Den Rest bestimmen Wettersimulationen mit „Wolken, Gewittern und Blitzen“. Die Programme beziehen sich „auf das wesentlich hellere Licht der JBL LED Solar“ [siehe Tabelle 3, Seite 70], das damit gedimmt werden kann.

---

[146] Wiesensee, Matthias (2021): LED Controller zur automatischen Steuerung der Aquarienbeleuchtung. JBL GmbH & Co. KG (Deutschland), https://www.jbl.de/de/blog/detail/589/led-controller-zur-automatischen-steuerung-der-aquarienbeleuchtung

LED-Controller bieten – dimmbare LEDs vorausgesetzt – stufenlose Helligkeitsregelung, die für Zusatzfunktionen wie Sonnenaufgang und Sonnenuntergang, Wolken und Blitze genutzt werden kann. Durch Abdimmen soll das Mondlicht imitiert oder Pflanzen bei der Eingewöhnung unterstützt werden („Akklimatisierungsfunktion"). Es versteht sich von selbst, dass auf ähnliche Weise auch eine Mittagspause programmiert werden könnte. Enthält die Leuchte verschiedenfärbige (RGB-)LEDs auf separaten Kanälen, so können diese unabhängig voneinander angesteuert und zu beliebigen Farbeffekten kombiniert werden.

LED-Leuchten tendieren zur Überbeleuchtung. Schließlich sollen sie auch Starklichtpflanzen genügen. Eingebaute Dimmer (wie sie bei Haushaltsleuchten weit verbreitet sind) sucht man bei Aquarienleuchten oft vergeblich. Wer nur ‚normale' Pflanzen pflegt, soll sich eben einen Dimmer (oder LED-Controller) zusätzlich anschaffen.

TIPP: Dimmer können nützlich sein, wenn es vor und nach dem Ein- und Ausschalten der Beleuchtung stockdunkel ist und man besonders schreckhafte Fische pflegt. Gerade in diesem Fall sollte man aber eine schwache Lichtquelle im Raum haben, die den Fischen auch in der Dunkelphase zumindest eine Orientierung ermöglicht (siehe Kapitel 4.3.4). Effekte wie Gewitter mit dunklen Wolken und Blitzen vermissen schreckhafte Aquarienbewohner vermutlich am wenigsten.

Dimmer erweisen sich vor allem dort als sinnvolles Zubehör, wo das starke Licht der LEDs reduziert werden muss.

Ähnlich wie der pH-Controller für die CO_2-Anlage (siehe Band 3) verfügt auch der LED-Controller für die Beleuchtung über Schnittstellen zum Internet. Damit wird das Aquarium über das Smartphone steuerbar und damit Teil unserer virtuellen Realität.

Sobald das Aquarium natürlichem Tageslicht ausgesetzt ist, verlieren die Lichtspiele ihre Wirkung. Süßwasserfische zeigen sich von Wolken- oder Gewittersimulationen sowie Sonnenauf- und untergängen unbeeindruckt. Für Pflanzen bedeutet weniger Lichtintensität über den Tag weniger starkes Wachstum. Aus der Meerwasseraquaristik stammen Anekdoten, wonach LED-Controller helfen, die tägliche Lichtintensität für Korallen und Fische besser zu dosieren.

4.4.3 Mittagspause

Je stärker Pflanzen beleuchtet werden, desto mehr Dünger (allen voran CO_2) benötigen sie, um nicht an Mangelerscheinungen zu erkranken. Kranke Pflanzen erfüllen ihre Funktion als Sauerstoffspender, Schadstoff-Filter und Algenkonkurrenten nicht. Wer einen übermäßigen Algenwuchs in seinem Becken auf zuviel Licht zurückführt, muss wohl nicht vom Vorteil einer Beleuchtungspause in der Mitte der Photoperiode überzeugt werden.

M&M: Algen mögen keine Mittagspause.

Durch eine mehrstündige Unterbrechung der Beleuchtung in der Mittagszeit konnte schon so manche Algenplage eingedämmt werden. Denn Algen mögen keine Mittagspause.

Dies ist ein Mythos, der von den Gegnern der Mittagspause oft als Argument gegen die Mittagspause an sich verwendet wird. Wenn die Lichtunterbrechung negativ auf Algen wirkt, so müsse sie auch negativ auf Pflanzen wirken. Doch Algen werden durch eine Mittagspause nicht direkt beeinträchtigt. Der Rückgang der Algen liegt vielmehr in den höheren Pflanzen begründet, für die sich das CO_2-Angebot durch die Pause verbessert. Die Lichtunterbrechung wirkt offensichtlich positiv auf die CO_2-Versorgung.

> EXPERTE[147]: “A midafternoon siesta with lights off mimics the natural condition – a temporary overhead clouding during a summer afternoon.”
>
> *Walstad* konnte zeigen, dass sich der CO_2-Gehalt von <4 mg/l nach einer vierstündigen Mittagspause auf >8 mg/l regeneriert hatte.

Unter den Befürwortern einer Mittagspause finden sich vor allem Betreiber von Lowtech-Aquarien, also solchen ohne CO_2-Begasung. Anbieter oder Anwender von CO_2-Anlagen sehen hingegen keinen Nutzen in einer Mittagspause für das Aquarium.

---

[147] vgl. Walstad, Diana (2003): Ecology of the Planted Aquarium. Echinodorus Publishing, 2. Ausgabe, Seite 179.

M&M: Eine Mittagspause stört den Biorhythmus des gesamten Aquariums.

„Es ist auch unsinnig, und das müssen wir hier mit Nachdruck sagen, wenn man die 12-Stunden-Beleuchtungsphase einteilt in zwei oder drei Phasen des Tages [...]. Der Biorhythmus des gesamten Aquariums wird hierdurch beträchtlich gestört.“ [148]

EXPERTE[149]: „Den genannten Autoren, Gründern der Firma Dupla, geht es nicht mehr darum, Wissen zu vermitteln, sondern darum, sich mit diesen nassforschen Passagen von der Konkurrenz abzugrenzen, in diesem Fall die Firma Dennerle, die Befürworterin der Mittagspause ist.“

EXPERTE[150]: „Für ein laufendes Aquarium empfehlen wir 5 Stunden Licht – 2 Stunden Dunkelpause – 5 Stunden Licht.“

EXPERTE[151]: „Bei der Diskussion der von manchen Aquaristikfirmen propagierten mehrstündigen Unterbrechung des Lichttages am Mittag gibt es offenbar gegensätzliche Erfahrungen. Ich habe nicht damit experimentiert, weil mir diese Maßnahme unbiologisch erscheint.“

EXPERTE[152]: „Im Gegensatz zu der geläufigen Meinung, dass eine Lichtunterbrechung zu einer Schädigung am Pflanzenbestand führt, konnte ich bis zum heutigen Tag keinerlei Pflanzenwuchsstörungen in diesem Aquarium feststellen.“

---

[148] Miehle-Huang, Robert: Mythen und Legenden, Teil IV: Anmerkung. Zitiert aus: Horst, Kaspar, Kipper, Horst E. (1985): Das optimale Aquarium. Aquadocumenta, Bielefeld, ohne Seitenangabe. http://hereinspaziert.de/Mythen/Anmerkung.htm

[149] Miehle-Huang, Robert: Mythen und Legenden, Teil IV: Anmerkung. http://hereinspaziert.de/Mythen/Anmerkung.htm

[150] Der Einsteiger Guide – Teil 3. Dennerle GmbH (Deutschland), https://dennerle.com/blogs/ratgeber/der-einsteiger-guide-teil-3

[151] Kramer, Hans-Georg (2009): Pflanzenaquaristik à la Kramer. Tetra, Seite 47.

[152] Titz, Thomas (2002): Grundkurs Aquarienpflanzen. Datz-Aquarienbücher, Ulmer, Seite 88.

Freunde von Hightech-Becken lehnen eine Verdunkelung zu Mittag als unnatürlich ab, während sie Gewitterwolken samt Blitzen mit ihren computergesteuerten Leuchten simulieren und als „dem natürlichen Vorbild nachempfunden“ propagieren.

Eine Mittagspause erscheint dann sinnvoll,

- ☺ wenn das Becken gut bepflanzt ist, aber kein CO_2 zugedüngt wird;
- ☺ wenn man länger als 10 Stunden täglich beleuchtet und die Beleuchtung eher zu stark als zu schwach ist;
- ☺ wenn natürliches Raumlicht während der Pause vorhanden ist.

Auf die Folgen von CO_2-Mangel wie pH-Anstieg und biogene Entkalkung (Karbonatfällung) wurde bereits in Band 3 ausführlich hingewiesen.

TIPP: Die Beleuchtungspause soll das Aquarium nicht in vollkommene Dunkelheit stürzen.

Die Beleuchtungspause soll nicht die Gesamtbeleuchtungsdauer verlängern.

Die Beleuchtung soll nicht mehrmals pro Tag ein- und ausgeschaltet werden, schon deshalb nicht, weil dies die Lebensdauer der Lampen verkürzt.

In Band 7 werden wir uns noch einmal der Bedeutung von Licht für Aquarienpflanzen widmen.

Quellenverzeichnis

Fußnoten	Quellenangaben[153]
2	Aquarium Aquatlantis Advance inkl. Abdeckung Filtersystem inklusive Umwälzpumpe Beleuchtung Heizer/Heizstab 60 x 30 x 30 cm weiß. Hornbach Baumarkt GmbH (Österreich),https://www.hornbach.at/p/aquarium-aquatlantis-advance-inkl-abdeckung-filtersystem-inklusive-umwaelzpumpe-beleuchtung-heizer-heizstab-60-x-30-x-30-cm-weiss/8809147/
14	Aquarium Oxygenator. U.S. Patent No. 4,784,765 (1988 bis 2006), https://patents.google.com/patent/US4784765A/en
129	Arbeitskreis 8 (Zoofachhandel und Heimtierhaltung) (Hrsg.) (2015): Merkblatt Nr. 37. Checkliste zur Überprüfung von Süßwasser-Zierfischhaltungen im Zoofachhandel. Tierärztliche Vereinigung für Tierschutz e.V. Seite 7. Download auf https://www.tierschutz-tvt.de/alle-merkblaetter-und-stellungnahmen/
4	Bade, Ernst (1898): Das Süßwasser-Aquarium. Geschichte, Flora und Fauna des Süsswasser-Aquariums, seine Anlage und Pflege. 2. Auflage, Seite 58. (Digitalisat auf Google Books, https://books.google.at/)
10	Bailey, Mary (1998): Aquaristik in Großbritannien. (Übersetzung aus dem Englischen) DATZ 51, 1/98, Seite 34.
79, 80	Bauer-Schiemenz, Kurt (2015): Gasüberdruck und Gasblasenkrankheit. Version 1.0, http://www.fischundwasser.de/Gasblasen.pdf
33	Bioflow Filter Super. Juwel Aquarium AG & Co. KG (Deutschland), https://www.juwel-aquarium.de/de/zubehoer/filterung/filtersystems/bioflow-super
53	Bogert, David: “Stability” isn’t Important. Aquarium Science, https://aquariumscience.org/index.php/4-8-stability-isnt-important/
49	Bogert, David: Aquarium Temperatures. Aquarium Science, https://aquariumscience.org/index.php/4-2-aquarium-temperatures/
47	Bogert, David: Water for Discus. Aquarium Science,

[153] Alle angeführten Internet-Adressen (URL) wurden zuletzt im September 2025 auf ihre Gültigkeit überprüft. Nicht mehr aktuelle URL können gegebenenfalls im *Internet Archive* (https://web.archive.org/) gefunden werden.

https://aquariumscience.org/index.php/17-11-3-water-for-discus/

7 Bubble Air Pump 100. Dohse Aquaristik GmbH & Co. KG (Deutschland), https://dohse-aquaristik.com/DE/00690/bubble-air-pump-100

52 Das Einsetzen. Das richtige Einsetzen von Aquarienfischen. JBL GmbH & Co. KG (Deutschland), https://www.jbl.de/de/themenwelt-aquarium-fische-einsetzen/section/82

96 Dennerle TROCAL de Luxe T8 Amazon Day. Online-Shop, ZooRoyal GmbH (Deutschland), http://www.zooroyal.at/dennerle-trocal-de-luxe-t8-amazon-day (siehe Internet Archive, https://web.archive.org/)

97 Dennerle TROCAL T5 Special Plant. Aquaristikshop, Happy Diskus - e.Kfr. (Deutschland), https://www.aquaristikshop.com/aquaristik/Dennerle-TROCAL-T5-Special-Plant/908200/

150 Der Einsteiger Guide – Teil 3. Dennerle GmbH (Deutschland), https://dennerle.com/blogs/ratgeber/der-einsteiger-guide-teil-3

141 epicfish, #11 posted Oct. 27, 2008 on: A simple light test to show HIGH light is NOT required for nice aquascapes-Who knew? The Planted Tank Forum, https://www.plantedtank.net/forums/10-lighting/75776-simple-light-test-show-high-light-not-required-nice-aquascapes-who-knew.html

143 Farmer, George (2009): The low-tech planted aquarium. Practical Fishkeeping Magazine, 08/2009, Warners Group Publications plc (England), http://www.practicalfishkeeping.co.uk/features/articles/the-low-tech-planted-aquarium

35 Gabriel, Anton (2014): Nitrifikation im Aquarium. Beitrag #5 (9. Mai 2014) in: Das Südamerika Forum, https://americanfish.de/forum/index.php?thread/10653-nitrifikation-im-aquarium-von-ing-anton-gabriel/&postID=134548#post134548

41 Hamburger Mattenfilter. Aquaristik ohne Geheimnisse, http://www.deters-ing.de/Filtertechnik/Mattenfilter.htm

20, 26 Hetz, Stefan (2003): Die Atmung bei Fischen. Aquaristische Legenden und wissenschaftliche Tatsachen. In: Aquaristik und Aquarium heute, Februar/ März 2003. https://www.zierfischforum.at/magazin/leseecke/atmung_bei_fischen.html

61 Homepage. Aquatis GbR (Deutschland), https://dtoxr.de/

64 Horst, Kaspar (1986): Pflanzen im Aquarium. Ulmer, Stuttgart, Seite 85.

140 Horst, Kaspar (1986): Pflanzen im Aquarium. Ulmer, Stuttgart, Seite 91.

107 Horst, Kaspar, Kipper, Horst (1978): Das perfekte Aquarium. Tetra, Melle, 2. Auflage, Seite 22.

17 Horst, Kaspar, Kipper, Horst (1978): Das perfekte Aquarium. Tetra, Melle, 2. Auflage, Seite 74.

145 Horst, Kaspar, Kipper, Horst (1978): Das perfekte Aquarium. Tetra, Melle, 2. Auflage, Seite 142+106.

115, 116, 136 How To Compare Grow Lights. Fluence (USA), https://fluence.science/science-articles/how-to-compare-grow-lights/

38 Hückstedt, Guido (1963): Aquarientechnik. Kosmos Franckh, Stuttgart, S. 13.

37 Hückstedt, Guido (1963): Aquarientechnik. Kosmos Franckh, Stuttgart, S. 70.

124 Hunt, Philip: Marine Aquarium Basics, Part 4: Lighting. Tropical Fish Hobbyist TFH Magazine, a Central Garden & Pet Company (USA), https://www.tfhmagazine.com/articles/saltwater/marine-aquarium-basics-full-article

29 Internal Filters. Oase, LQ International (Vietnam), https://www.oasevietnam.com/internal-filters-overview

12 JBL OxyTabs, Sauerstofftabletten für Süßwasser-Aquarien. JBL GmbH & Co. KG (Deutschland), https://www.jbl.de/de/produkte/detail/2324/jbl-oxytabs

66 JBL Protemp b III. Bodenheizung für Süßwasser-Aquarien. Produktinformation, JBL GmbH & Co. KG (Deutschland), https://www.jbl.de/?mod=productpdf&id=9317

102 JBL Solar Natur. JBL GmbH & Co. KG (Deutschland), https://www.jbl.de/de/produkte/detail/2378/jbl-solar-natur

3 Jungwirth, M., Haidvogel, G., Moog, O., Muhar, S., Schmutz, S. (2003): Angewandte Fischökologie an Fließgewässern. Facultas/UTB, Seite 232. https://boku.ac.at/fileadmin/data/H03000/H81000/H81200/_TEMP_/lehre/Angewandte_Fischökologie_an_Fließgewässern.pdf

40 Kassebeer, Gerd (1995): Ist unser Aquarium eine Kläranlage? Aquaristik ohne Geheimnisse, http://www.deters-ing.de/Gastbeitraege/Klaeranlage.htm (siehe Internet Archive, https://web.archive.org/)

34 Kassebeer, Gerd (2010): Schlamm im Aquarium - Eigenschaften und Bedeutung. Aquaristik ohne Geheimnisse, http://www.deters-ing.de/Gastbeitraege/schlamm.htm (siehe Internet Archive, https://archive.org/)

138 Kasselmann, Christel (2006): Pflanzenaquarien gestalten. Kosmos, 2., aktualisierte Auflage, Seite 11.

112 Kasselmann, Christel (2006): Pflanzenaquarien gestalten. Kosmos, 2., aktualisierte Auflage, Seite 15.

142 Kaufmann, Bernd (2010): Algen-Fibel Aquarium. Dähne, Seite 17.

30 Kempe, Alex P. (2013): Aquaristik im Detail – Ein Anfängerleitfaden. eBook.

122 Keppler, Rainer (2009): Richtige Aquarienbeleuchtung mit JBL Solar. Was - Wie - Warum? JBL Heft 7, 4. Auflage, Seite 6, https://www.jbl.de/?mod=files&func=show&id=8879

90 Keppler, Rainer (2009): Richtige Aquarienbeleuchtung mit JBL Solar. Was - Wie - Warum? JBL Heft 7, 4. Auflage, Seite 7, https://www.jbl.de/?mod=files&func=show&id=8879

50 Klasing, Otto, Hrsg. (1890): Das Buch der Sammlungen: praktische Anleitung zum Anlegen, Ordnen und Erhalten aller Arten von Sammlungen, IX. Das Aquarium. 5. Auflage, Belhagen und Klasing, Bielefeld und Leipzig, Seite 310. https://digital.staatsbibliothek-berlin.de/ werkansicht?PPN=PPN74253507X&DMDID=DMDLOG_0003&PHYSID=PHYS_0320

58 Kochsiek, Wolfgang (2001): Praxishandbuch Lebendgebärende - Pflege, Zucht und Arten. Dähne, Seite 20.

42 Konkav HMF mit Luftheber. Aquakallax (Deutschland), https://www.aquakallax.de/products/konkav-hmf-mit-luftheber

16 Kottmann, Dennis: Oxydator im Aquarium. DRTA-Archiv.de (eEducation Net e.K.), https://www.drta-archiv.de/oxidator/

135 Kramer, Hans-Georg (2009): Pflanzenaquaristik à la Kramer. Tetra, Seite 40.

151 Kramer, Hans-Georg (2009): Pflanzenaquaristik à la Kramer. Tetra, Seite 47.

88 Krause, Hanns-J. (2004): Handbuch Aquarientechnik. Bede, 4. Auflage, Seite 25.

119 Krause, Hanns-J. (2004): Handbuch Aquarientechnik. Bede, 4. Auflage, Seite 69.

109 Krause, Hanns-J. (2004): Handbuch Aquarientechnik. Bede, 4. Auflage, Seite 69+82.

55 Krause, Hanns-J. (2004): Handbuch Aquarientechnik. Bede, 4. Auflage, Seite 96.

57 Krause, Hanns-J. (2004): Handbuch Aquarientechnik. Bede, 4. Auflage, Seite 97.

39 Krause, Hanns-J. (2004): Handbuch Aquarientechnik. Bede, 4. Auflage, S. 108.

32 Krause, Hanns-J. (2004): Handbuch Aquarientechnik. Bede, 4. Auflage, S. 127.

6 Krause, Hanns-J. (2004): Handbuch Aquarientechnik. Bede, 4. Auflage, S. 131.

24 Krause, Hanns-J. (2004): Handbuch Aquarientechnik. Bede, 4. Auflage, S. 136.

73 Krause, Hanns-J. (2004): Handbuch Aquarientechnik. Bede, 4. Auflage, S. 154.

23 Krause, Hanns-J. (2007): Handbuch Aquarienwasser. Bede, 6. Auflage, Seite 47.

31 Krause, Hanns-J. (2007): Handbuch Aquarienwasser. Bede, 6. Auflage, Seite 80.

75, 77, 78 Krause, Hanns-J. (2007): Handbuch Aquarienwasser. Bede, 6. Auflage, S. 107.

15 Krause, Hanns-J. (2007): Handbuch Aquarienwasser. Bede, 6. Auflage, S. 115.

130 Licht im Pflanzenaquarium. Ratgeber, Tropica Aquarium Plants A/S (Dänemark), https://tropica.com/de/ratgeber/erfolg-mit-ihrem-aquarium/licht-im-pflanzenaquarium/

108 Maddocks, Lea (2012): Setting Up a Successful Low-Tech Planted Tank like a Pro, Part 1: The Basics. Tropical Fish Hobbyist TFH Magazine, a Central Garden & Pet Company (USA), https://www.tfhmagazine.com/articles/aquatic-plants/setting-up-a-successful-lowtech-planted-tank-like-a-pro-part-1-the-basics-full-article

104 Miehle-Huang, Robert (2009): Sehlicht versus Wuchslicht. Teil III: Ergebnisse. https://www.hereinspaziert.de/Sehlicht_2009/Ergebnisse.htm

86 Miehle-Huang, Robert: Lebensdauer verschiedener Lampen. I. Leuchtstoff-lampen. http://www.hereinspaziert.de/lampen/Leuchtstoff.htm

128 Miehle-Huang, Robert: Mythen und Legenden, Teil III: Die ‚Mittagspause'. http://hereinspaziert.de/Mythen/Mittagspause.htm

149 Miehle-Huang, Robert: Mythen und Legenden, Teil IV: Anmerkung. http://hereinspaziert.de/Mythen/Anmerkung.htm

148 Miehle-Huang, Robert: Mythen und Legenden, Teil IV: Anmerkung. Zitiert aus: Horst, Kaspar, Kipper, Horst E. (1985): Das optimale Aquarium. Aquadocumenta, Bielefeld, ohne Seitenangabe. http://hereinspaziert.de/Mythen/Anmerkung.htm

43 Mobiler HMF Reaktor ProfiLine. Datenblatt, HMFshop, AfM Loest (Deutschland), https://www.hmfshop.de/info/Datenblatt-Mobiler-HMF-Reaktor-ProfiLine.html

125, 126 Moonlight: Much More Than Just Blue Light. (2015) iQuatics Ltd (UK), https://www.iquaticsonline.co.uk/moonlight-much-just-blue-light/

36 Mundt, Joachim: Wie reinigt man einen Filter richtig? http://www.aquaristik-hilfe.de/faq02.htm

85 Neuwirth, Peter: Die Sonne im Heim. Kunstlicht in der Vivaristik. Tonis Seite, http://www.anton-gabriel.at/licht.htm

84, 132 Orndorff, Bastian: Aquarium – Technik zum Einstieg. https://www.aq-technik.de/Aquarium-Einstieg/aquarium-beleuchtung.html

103, 111 Orndorff, Bastian: Aquarium – Tipps. https://www.aq-technik.de/Aquarium-Tipps/aquarium-leuchten-kombination.html

110 Osram Fluora. Aquaristikshop, Happy Diskus, e.Kfr. (Deutschland), https://www.aquaristikshop.com/aquaristik/Osram-Fluora/578010/

11 Oxyletten. Dohse Aquaristik GmbH & Co. KG (Deutschland), https://dohse-aquaristik.com/DE/51320/oxyletten

65, 67 Paffrath, Kurt (1979): Bestimmung und Pflege von Aquarienpflanzen. Landbuch-Verlag, Hannover, 2. Auflage, Seite 136.

89, 101 Pflanzen gegen Algen. my-fish – Ein Projekt der WZF Wirtschaftsgemeinschaft Zoologischer Fachbetriebe GmbH (Deutschland), https://my-fish.org/anfanger-einstieg/pflanzenratgeber/pflanzen-gegen-algen/

134 Pflanzen Trilogie. Teil I: Einführung, Photosynthese und Beleuchtung. Easy Life International BV (Niederlande), https://www.easylifeaquarium.de/publikationen/pflanzen-trilogie/pflanzen-trilogie-teil-1

106 Ratgeber Licht im Aquarium. Eheim, Seite 7. https://eheim.com/media/pdf/77/ed/21/Ratgeber_EHEIM_Licht_2019_D.pdf

48 Rautenberg, Rüdiger: Whaddaya mean, too hot? Seriously Fish, http://www.seriouslyfish.com/whaddaya-mean-too-hot

82 Richtlinie 2011/65/EU des Europäischen Parlaments und des Rates vom 8. Juni 2011 zur Beschränkung der Verwendung bestimmter gefährlicher Stoffe in Elektro- und Elektronikgeräten. https://eur-lex.europa.eu/eli/dir/2011/65/oj

25 Sander, Erwin (1986): Technischer Ratgeber für Aquarienfreunde. Firma Sander, Elektroapparatebau, Uetze. Zitat aus Krause, Hanns-J. (2007): Handbuch Aquarienwasser. Bede, 6. Auflage, Seite 83.

69 Sandor, Julia (2023): Temperaturkontrolle im Sommer. Korallenriff Center GmbH (Österreich), https://meerwasser-experte.at/temperatur-meerwasser-aquarium-sommer/

100 Sauer, Karlheinz, Steck, Bernhard, Schuchart, Hartwig, Horn, Hans-Georg (2004): PraxisRatgeber Vivarienbeleuchtung. Chimaira, Frankfurt am Main, Seite 50.

133 Sauer, Karlheinz et al. (2004): PraxisRatgeber Vivarienbeleuchtung. Chimaira, Frankfurt am Main, Seite 66.

113 Sauer, Karlheinz et al. (2004): PraxisRatgeber Vivarienbeleuchtung. Chimaira, Frankfurt am Main, Seite 68.

127 Sauer, Karlheinz et al. (2004): PraxisRatgeber Vivarienbeleuchtung. Chimaira, Frankfurt am Main, Seite 82.

144 Sauer, Karlheinz et al. (2004): PraxisRatgeber Vivarienbeleuchtung. Chimaira, Frankfurt am Main, Seite 115.

99 Sauer, Karlheinz et al. (2004): PraxisRatgeber Vivarienbeleuchtung. Chimaira, Frankfurt am Main, Seite 138.

121 Sauer, Karlheinz et al. (2004): PraxisRatgeber Vivarienbeleuchtung. Chimaira, Frankfurt am Main, Seite 142.

76 Sauerstoffgehalt von reinem Wasser. 2021, Internetchemie.Info (Deutschland), https://www.internetchemie.info/chemie-lexikon/daten/s/sauerstoffgehalt-wasser.php

45 Schmidt, Jürgen (2008): Guramis und Fadenfische. Ihr Hobby. Bede, 3. Auflage, Seite 27.

18 Schmidt, Jürgen (2008): Guramis und Fadenfische. Ihr Hobby. Bede, 3. Auflage, Seite 31.

22 Seehaus, Thomas; Schmidt, Jürgen (2002): Makropoden – Paradiesfische. Ihr Hobby, Bede, Seite 29.

19 Splett, Uwe J.: Allgemeine Fragen zur Aquaristik – und die Antworten darauf, Teil I. https://www.afizucht.de/html/fragen_antwort_1.html#Filterstroemungsrichtung (siehe Internet Archive, https://archive.org/)

54 Splett, Uwe J.: Der Wasserwechsel im Aquarium. https://www.afizucht.de/html/wasserwechsel.html#Wasserwechsel-kalt-oder-warm (siehe Internet Archive, https://archive.org/)

27 Stanley, Kelly: Can You Over Filter a Fish Tank? Aquarium Labs (USA), https://aquariumlabs.com/can-you-over-filter-a-fish-tank/

60 Stenzel, Tim (2017): Energieoptimierung durch Wasserkühlung. LTE – Aquarienkontor (Deutschland), https://www.aquarienkontor.de/de/blog/2017/01/20/stormsparende-led-beleuchtung-mit-wasserkuehlung/

59 Sterling, Ian (2024): No Cooked Fish! The Best Aquarium Heater Controllers. FishLab (Australien), https://fishlab.com/aquarium-heater-controller/

72 Surface air temperature for January 2024. Copernicus, European Centre for Medium-Range Weather Forecasts (ECMWF) (EU), https://climate.copernicus.eu/surface-air-temperature-january-2024

117 Terashima, Ichiro et al. (2009): Green Light Drives Leaf Photosynthesis More Efficiently than Red Light in Strong White Light: Revisiting the Enigmatic Question of Why Leaves are Green. Plant and Cell Physiology, 50/4, Seite 684–697, https://doi.org/10.1093/pcp/pcp034 (alternativ: https://academic.oup.com/pcp/article/50/4/684/1908367)

63 Thema: DTOXR getestet (13.05.2025). Aquarium Forum, Forumhelden GmbH (Deutschland), https://www.aquariumforum.de/t/dtoxr-getestet.1596626/

152 Titz, Thomas (2002): Grundkurs Aquarienpflanzen. Datz-Aquarienbücher, Ulmer, Seite 88.

9 Tunze Turbelle nanostream Test – Frischer Wind in deinem Aquarium. Aquarium-Perfekt, WeDoPublishing UG (Deutschland),

https://aquarium-perfekt.de/tunze-turbelle-nanostream-test/

81 Verordnung (EU) 2019/2020 der Kommission vom 1. Oktober 2019 zur Festlegung von Ökodesign-Anforderungen an Lichtquellen und separate Betriebsgeräte. https://eur-lex.europa.eu/legal-content/DE/TXT/?uri=CELEX%3A32019R2020

28 Vierke, Jörg (2010): Kleine Aquarien. Franckh-Kosmos, Stuttgart, Seite 15.

137 Vierke, Jörg, Gering, Claus-Peter (2009): Aquarium. Gestaltung und Pflege, Fische und Pflanzen. Franckh-Kosmos, Stuttgart, Seite 130.

21 Vogt, Dieter, Wermuth, Heinz (1961): Knaurs Aquarien- und Terrarienbuch. Das Haus- und Handbuch der Vivaristik. Droemer, Seite 59.

46 Vogt, Dieter, Wermuth, Heinz (1961): Knaurs Aquarien- und Terrarienbuch. Das Haus- und Handbuch der Vivaristik. Droemer, Seite 122f.

1 Walstad, Diana (2003): Ecology of the Planted Aquarium. Echinodorus Publishing, 2. Ausgabe, Seite 3

5 Walstad, Diana (2003): Ecology of the Planted Aquarium. Echinodorus Publishing, 2. Ausgabe, Seite 104.

139 Walstad, Diana (2003): Ecology of the Planted Aquarium. Echinodorus Publishing, 2. Ausgabe, Seite 146.

147 Walstad, Diana (2003): Ecology of the Planted Aquarium. Echinodorus Publishing, 2. Ausgabe, Seite 179.

120 Walstad, Diana (2003): Ecology of the Planted Aquarium. Echinodorus Publishing, 2. Ausgabe, Seite 181.

92 Was ist die beste Beleuchtung für mein Aquarium? Blog der WWL World Wide Lighting GmbH (Deutschland), https://www.beleuchtungdirekt.de/blog/was-ist-die-beste-beleuchtung-fuer-mein-aquarium

95 Welchen CRI wert? geeignet fürs Aquarium?? Kommentar von Sailor, am 31.10.11, ledHILFE (Forum), LUMITRONIX® LED-Technik GmbH (Deutschland), https://www.ledhilfe.de/viewtopic.php?t=13159

98 Welchen CRI wert? geeignet fürs Aquarium?? Kommentar von Loong, am 01.11.11, ledHILFE (Forum), LUMITRONIX® LED-Technik GmbH (Deutschland), https://www.ledhilfe.de/viewtopic.php?t=13159

83 What can affect the quality of your lighting? (2012) iQuatics Ltd. (UK), http://www.iquaticsonline.co.uk/blog/what-can-affect-the-quality-of-your-lighting/

8 Wie hoch ist die wirkliche Durchflussmenge? Beitrag von Gerd Kassebeer vom 13.07.2003 im Zierfischforum, Centurio Ltd. (England), https://www.zierfischforum.info/archiv-2003-a/30228-wie-hoch-ist-die-

wirkliche-durchflussmenge.html

146 Wiesensee, Matthias (2021): LED Controller zur automatischen Steuerung der Aquarienbeleuchtung. JBL GmbH & Co. KG (Deutschland), https://www.jbl.de/de/blog/detail/589/led-controller-zur-automatischen-steuerung-der-aquarienbeleuchtung

71 Wikipedia, https://de.wikipedia.org/wiki/1,5-Grad-Ziel

114 Wikipedia, https://de.wikipedia.org/wiki/Engelmannscher_Bakterienversuch

74 Wikipedia, https://de.wikipedia.org/wiki/Henry-Gesetz

70 Wikipedia, https://de.wikipedia.org/wiki/Korallenbleiche

105 Wikipedia, https://de.wikipedia.org/wiki/Leuchtstofflampe

68 Wikipedia, https://de.wikipedia.org/wiki/Meerwasseraquaristik

62 Wikipedia, https://de.wikipedia.org/wiki/Spezifische_Wärmekapazität

13 Willkommen bei Söchting Oxydator. Dr. rer. nat. K. Söchting Biotechnik GmbH (Deutschland), https://www.oxydator.de/

44 Wissenswertes. Diskuszucht Stendker GmbH & Co. KG (Deutschland), https://stendker.com/hilfe-center/

56 Wolter, Andreas (1997): Süßwasseraquariumtipps - nicht nur für Einsteiger. Tonis Seite, http://www.anton-gabriel.at/suesstip.htm

87, 93, 94 Wong, Dennis (2019): 6500K vs 2700K; what does the kelvin number actually mean? 2Hr Aquarist Pte. Ltd. (Singapur), https://www.2hraquarist.com/blogs/light-3pillars/k-rating

118, 123 Wong, Dennis (2019): Which part of the light spectrum is used for photosynthesis? 2Hr Aquarist Pte. Ltd. (Singapur), https://www.2hraquarist.com/blogs/light-3pillars/ light-wavelength-indepth

131 Wong, Dennis (2025): Algae Control 101: How to prevent algae in an aquarium? The 2Hr Aquarist Pte. Ltd. (Singapur), https://www.2hraquarist.com/blogs/algae-control/prevent-algae-growth

51 Woods, Robert (2020): Can Fish Die if the Water is too Warm? A Comprehensive Guide. Fishkeeping World, Kajara (England), https://www.fishkeepingworld.com/can-fish-die-if-the-water-is-too-warm/

Anmerkungen

Die Website von *Uwe J. Splett* auf *„afizucht.de"* wurde 2025 eingestellt (die letzten Snapshots im *Internet Archive* stammen vom März 2025). Die Inhalte sind nun als eBooks erhältlich:

Splett, Uwe J. (2025): AfiBook: Praktische Aquaristik und Zierfischzucht. Kindle Ausgabe, Version 5.3, 1097 Seiten.

Splett, Uwe J. (2025): Aquaristik verstehen: Der Ratgeber für ein perfektes Aquarium – für Anfänger. Kindle Ausgabe, Version 7.0, 177 Seiten.

Die Website von *Olaf Deters*, „Aquaristik ohne Geheimnisse" (http://www.detersing.de/) wurde technisch nicht aktualisiert. Daher werden einzelne Seiten nicht mehr korrekt geladen. Sie können im *Internet Archive* (https://web.archive.org/) eingesehen werden.

Das Buch von *Diana Walstad*, „Ecology of the Planted Aquarium" ist in mehreren Auflagen erschienen. Es ist auch auf deutsch erhältlich:

Walstad, Diana (2023): Das bepflanzte Aquarium. Ein Handbuch für die Praxis auf wissenschaftlicher Grundlage. Tetra (Übersetzung von Romeo Herr), 10. Auflage, 224 Seiten.

Tabellenverzeichnis

Abbildungsverzeichnis

Quellen: eigene Darstellungen, soweit nicht anders angegeben

Index

M&M im Überblick

Der Autor

Foto: Stephen. R. Patriarca

Dr. Hermann Huemer, promovierter Geochemiker, Informationsfachmann und Manager, widmet sich in seiner Freizeit der Förderung von Informationskompetenz und der Aufklärung von Falschinformation. In seinem neuesten Projekt hat er sich auf Mythenjagd in die Aquaristik, seinem zweiten Hobby, begeben. Über 300 moderne Mythen und Marketingsprüche hat er bereits recherchiert und einem Faktencheck unterzogen.

In der vorliegenden Reihe teilt er seine Ergebnisse mit Freunden der Aquaristik, die sich für die faktischen Grundlagen des Hobbys interessieren.

Mehr über den Autor und seine Arbeit finden Sie in seinem Blog auf *https://aquademicus.info*.

Wenn auch Sie einen aquaristischen Mythos kennen, ihn aber in keinem Band dieser Reihe wiederfinden, so schicken Sie ihn doch an den *mythbuster@aquademicus.info*!

Mythen & Marketing in der Aquaristik

Band 1 – Faktencheck Aquarium

M&M zur geschichtlichen Entwicklung der Aquaristik, zu Beckenmaßen, Bauformen und Ausstattung sowie Besatz und Dekoration. Welches Aquarium ist das richtige für mich?

Band 2 – Faktencheck Aquarienwasser

M&M zu Trink- und Aquarienwasser, zu Wasserparametern wie Leitfähigkeit und Härte, Alkalinität und pH-Wert, Redox-Spannung, sowie zu Richt- und Grenzwerten. Was unterscheidet Trinkwasser von Aquarienwasser? Gibt es das ‚ideale' Aquarienwasser?

Band 3 – Faktencheck Aquarienchemie

M&M zu Inhaltsstoffen im Leitungswasser und seine Aufbereitung. Kann Leitungswasser mit Chemie für das Aquarium optimiert werden? Welche Rolle spielt das Kalk-Kohlensäure-Gleichgewicht? Wie wird aus Leitungswasser gutes Aquarienwasser?

Band 4 – Faktencheck Aquarienfilter

M&M zu Schadstoffen im Aquarium, Filtermedien und ihren Wirkprinzipien. Wie wird das Aquarienwasser wieder sauber und kristallklar? Was ist dran an Nitratfiltern und dem Anaerobic Myth?

Band 5 – Faktencheck Aquarienpflege

M&M zur Einfahrphase in neuen Aquarien (mit oder ohne Fische?) und zum Wasserwechsel in laufenden Aquarien (wie oft wieviel? mit oder ohne Filterreinigung?). Kann es ein Gleichgewicht im Aquarium eher mit oder ohne Wasserwechsel geben?

Band 6 – Faktencheck Aquarientechnik

M&M zur Technik im Aquarium (lowtech versus hightech), zu Strömungs- und Filterpumpen, Temperaturregelung und Beleuchtung. Wieviel Natur lässt sich mit Technik simulieren? Wieviel Technik ist für den Betrieb eines Aquariums unerlässlich?

Band 7 – Faktencheck Aquarienpflanzen

M&M zu Pflanzen im Aquarium; Was Schadstoffe für die Fische, sind Nährstoffe für die Pflanzen. Genügt Fischfutter als Dünger? Sind Algen auch Pflanzen?

Band 8 – Faktencheck Zierfische

M&M zu den Fischen im Aquarium, von Anfänger-, Putzer- und Problemfischen bis zu Futter, Zucht und anderen Pflegefehlern.